军队"双重"建设教材

材料科学与工程专业实验教程

李红霞 苏小红 肖玲 等编著

化学工业出版社

·北京·

内容简介

《材料科学与工程专业实验教程》是材料工程系列创新综合实践课程的配套教材，全书共分 11 章，主要内容包括油料分析综合实验、水质分析综合实验、高分子材料综合实验、电化学应用综合实验、材料性能测试、材料微观结构与成分分析、材料的制备与成形、金属的热处理、材料腐蚀与防护、金属材料失效分析等相关内容。

《材料科学与工程专业实验教程》可供高等院校化学、材料学、材料科学与工程及相关专业的本科生、研究生使用，也可供相关专业技术人员和任职培训人员等参考。

图书在版编目（CIP）数据

材料科学与工程专业实验教程 / 李红霞等编著. 一北京：化学工业出版社，2023.3
ISBN 978-7-122-42822-6

Ⅰ.①材… Ⅱ.①李… Ⅲ.①材料科学-实验-高等学校-教材②工程技术-实验-高等学校-教材 Ⅳ.①TB3-33②TB-33

中国国家版本馆 CIP 数据核字（2023）第 022615 号

责任编辑：丁建华　　　　　　　　装帧设计：关　飞
责任校对：田睿涵

出版发行：化学工业出版社
　　　　　（北京市东城区青年湖南街 13 号　邮政编码 100011）
印　　刷：三河市航远印刷有限公司
装　　订：三河市宇新装订厂
787mm×1092mm　1/16　印张 12½　字数 314 千字
2023 年 8 月北京第 1 版第 1 次印刷

购书咨询：010-64518888　　售后服务：010-64518899
网　　址：http://www.cip.com.cn
凡购买本书，如有缺损质量问题，本社销售中心负责调换。

定　　价：49.00 元　　　　　　　版权所有　违者必究

前言

　　本书是材料工程系列创新综合实践课程的配套教材。材料工程系列创新综合实践课程是海军生长军官高等教育材料科学与工程专业自然科学类的必修课程。本书以新时代军事教育方针为指导，以化学与材料科学不同的研究方向为主线，紧贴海军装备特色与部队需求，介绍系统的研究方法、实验技能，激发学生创新思维及创新意识，为后续毕业设计及终身发展奠定基础，为培养高素质新型军事人才提供重要支撑。

　　实验是化学和材料科学形成和发展的基础。目前各材料科学与工程创新的教材在实验原理和操作部分有较多介绍，但是缺乏与装备应用结合的专门介绍。鉴于此，我们编写了《材料科学与工程专业实验教程》作为材料工程系列创新综合实践课程教材。

　　本书结合了编者多年从事化学与材料类理论教学、实验教学及科研的实践经验编写而成。本书在实验内容编写上注重材料科学与工程相关专业知识与装备应用的结合，部分实验内容为海军特色（如舰船维修与管理方向）教学内容，如油料分析、水质分析及电化学应用综合实验等。全书共分 11 章，主要内容还包括高分子材料综合实验、材料性能测试、材料微观结构与成分分析、材料的制备与成形、金属的热处理、材料腐蚀与防护、金属材料失效分析等相关内容。

　　本书由海军工程大学李红霞、苏小红、肖玲等编著。其中李红霞编写第一章、第二章、第五章及第三章部分内容；苏小红编写第六章部分内容、第七章部分内容、第八至十一章；肖玲编写第四章；李宇编写第三章；迟钧瀚编写第六章部分内容；陈泽编写第七章部分内容；全书由李红霞统稿。

　　本书在编写过程中得到了同行以及多位老师的大力帮助，在此表示衷心的感谢！

　　由于本书内容涉及面广，加之编者水平有限，书中不完善之处，敬请同行和读者批评指正！

编者

2023 年 3 月

目录

第一章　绪论 / 001

第二章　油料分析综合实验 / 005

实验一　石油产品密度的测定 / 005
实验二　石油产品运动黏度的测定 / 009
实验三　石油产品馏程的测定 / 011

实验四　石油产品闪点的测定 / 015
实验五　油料燃烧热的测定 / 019

第三章　水质分析综合实验 / 024

实验六　水质综合测定 / 024
　内容一　舰用锅炉给水及补水碱度的
　　　　　测定 / 024
　内容二　锅炉水碱值的测定 / 026

　内容三　给水、炉水盐度的测定 / 028
实验七　锅炉水磷酸盐值的测定 / 032
实验八　给水及补水硬度的测定 / 035
实验九　溶解氧的测定 / 037

第四章　高分子材料综合实验 / 040

实验十　高分子材料的合成 / 040
　内容一　甲基丙烯酸甲酯的本体聚合及
　　　　　成形 / 040
　内容二　双酚 A 型环氧树脂的制备 / 041
实验十一　高分子材料的结构表征 / 044
　内容一　黏度法测定聚乙烯醇的分子量 / 044
　内容二　有机物红外光谱分析 / 047

　内容三　紫外-可见分光光度法测定高分子
　　　　　化合物的组成 / 051
　内容四　混合醇醚的气相色谱分析 / 054
实验十二　高分子材料的性能检测 / 057
　内容一　聚甲基丙烯酸甲酯温度-形变曲线
　　　　　的测定 / 057
　内容二　高分子材料拉伸性能测定 / 058

第五章　电化学应用综合实验 / 060

实验十三　海洋电场探测电极电化学性能
　　　　　测定 / 060

实验十四　海洋电场探测电极探测性能
　　　　　测定 / 062

第六章　材料性能测试 / 064

实验十五　材料的机械性能测试 / 064
　内容一　硬度试验 / 064
　内容二　冲击试验 / 073

实验十六　材料热导率测定 / 075
实验十七　材料电磁特性测定 / 080
实验十八　材料介电性能测试 / 084

第七章　材料微观结构与成分分析 / 092

实验十九　金相试样的制备 / 092
实验二十　碳钢的显微组织观察 / 096
　内容一　碳钢平衡组织显微观察 / 096
　内容二　碳钢非平衡组织显微观察 / 100
实验二十一　常用工程材料的显微组织
　　　　　　观察 / 102
实验二十二　扫描电镜样品的制备及典型组
　　　　　　织观察 / 109

实验二十三　扫描电镜样品的形貌观察
　　　　　　及分析 / 115
　内容一　扫描电镜的二次电子像及断口
　　　　　形貌分析 / 115
　内容二　扫描电镜的背散射电子像及高倍
　　　　　组织观察 / 117
实验二十四　能谱仪的结构、原理及
　　　　　　使用 / 120

第八章　材料的制备与成形 / 126

实验二十五　合金的制备 / 126
　内容一　合金钢的真空感应熔炼 / 126
　内容二　铝合金的熔炼与铸造 / 130
实验二十六　粉体材料热压烧结成形

实验 / 133
　内容一　粉体制备实验 / 133
　内容二　铁基粉末冶金实验 / 135

第九章　金属的热处理 / 137

实验二十七　碳钢的热处理 / 137

实验二十八　固溶淬火温度对铝合金时效
效果的影响 / 142

实验二十九　金属热处理工艺设计及性能
分析 / 145

第十章　材料腐蚀与防护 / 148

实验三十　失重法和容量法测定金属腐蚀速
率实验 / 148

实验三十一　研究电极与极化曲线在金属腐蚀测
试中的应用 / 151

内容一　研究电极的制备 / 151

内容二　极化曲线的测定 / 156

内容三　塔菲尔直线外推法测定金属腐蚀
速率 / 158

内容四　临界点蚀电位的测定 / 160

实验三十二　电偶腐蚀中电偶电流和电位序
的测试 / 161

实验三十三　腐蚀体系的电化学阻抗谱
测试实验 / 164

实验三十四　中性盐雾腐蚀实验 / 167

实验三十五　不锈钢腐蚀的综合评价
实验 / 169

实验三十六　金属材料阴极保护实验 / 176

内容一　外加电流的阴极保护实验 / 176

内容二　牺牲阳极的阴极保护实验 / 179

第十一章　金属材料失效分析 / 181

实验三十七　断口分析实验 / 182

实验三十八　磨片分析实验 / 184

实验三十九　贴印分析实验 / 188

实验四十　材料失效样例分析 / 190

参考文献 / 192

第一章 >>>
绪　论

一、实验目的和要求

1. 实验目的

通过本实验课程的教学，学员应达到以下学习目的：

（1）从实践的角度对油料与水质分析综合实验、高分子材料综合实验和电化学应用综合实验、材料性能测试、材料微观结构与成分分析、材料的制备与成形、金属的热处理、材料腐蚀与防护、金属材料失效分析等相关的基本理论、基础知识及其应用加深认识和理解，充分运用所学的理论知识指导实验，培养手脑并用能力和创新思维能力。

（2）培养实事求是的科学态度、严谨的科学作风、认真细致的科学习惯、坚韧不拔的意志和与人合作的良好品格等科学工作者应有的基本素质。

（3）为将来从事化学与材料科学相关工作打下良好的基础。

2. 实验要求

（1）实验前认真预习，明确实验目的和要求，仔细阅读实验教材及其他参考资料的有关内容，理解实验的基本原理，了解实验步骤和注意事项，做到心中有数，并根据实验内容写好预习报告，简明扼要地写出实验原理和步骤。

（2）自觉遵守实验室规则，保持室内清洁安静、台面清洁有序，树立节约、环保、公德意识。爱护仪器。严格按照操作规范进行实验。认真学习实验中涉及的各类仪器的性能、使用方法、操作技巧等相关知识。实验时仔细观察，及时记录，手脑并用，勤于思考，勇于探索，不能只是"照方抓药"。实验中的现象及原始实验数据必须随时如实准确地记录在实验记录上，不允许记在任何其他位置，更不得随意涂改实验数据。

（3）实验完毕后，及时洗涤、清理仪器，关闭电源、水路和气阀。对实验所得的数据和结果，应及时整理、计算和分析，并重视总结实验中的经验教训，认真写好实验报告。

二、实验安全

人们在长期的化学、材料科学实验工作过程中，总结了关于实验室工作安全的七字俗语："水、电、门、窗、气、废、药"。这七个字涵盖了实验室工作中使用水、电、气体、试剂、实验过程产生的废物处理和安全防范的关键字眼。

其中化学实验所用试剂往往有一定的毒性和腐蚀性，有些还是易燃易爆药品，具有潜在的不安全因素，因此实验时要特别注意安全，不可麻痹大意。实验前应了解安全注意事项，实验时要严格遵守实验操作流程。具体注意以下几点：

（1）了解实验室布局，如水、电、气的管线走向及灭火器的放置地点，熟悉消防器材的使用方法。

（2）注意不要用湿手接触电源，使用完毕应及时拔掉电源插头。

（3）严禁在实验室内吸烟、饮食，切勿用实验器皿作为餐具，防止化学试剂入口。实验完毕应洗净双手。

（4）浓酸、浓碱具有强腐蚀性，应避免溅落在皮肤、衣物、书本、台面上，更应防止溅入眼睛。稀释浓酸时，应将浓酸慢慢注入水中，并不断搅动。切勿将水注入浓酸中，以免产生局部过热，使浓酸溅出。浓酸、浓碱如果溅到身上应立即用水冲洗，溅到实验台面或地面上要用水稀释后擦掉。

（5）能产生有刺激性或有毒气体（如 Cl_2、H_2S、NH_3、NO_2、SO_2、Br_2、HF 等）的实验应在通风橱中进行，具有易挥发和易燃物质的实验应远离火源，最好也在通风橱中进行。不要直接俯向容器闻气体的味道，应用手将少许气体轻扇向鼻孔。

（6）严禁任意混合各种化学试剂，以免发生意外事故。

（7）不能用手直接取用固体药品，对一些有毒药品，如铬（Ⅵ）、汞、砷的化合物，可溶性钡盐、镉盐、铅盐，特别是氰化物，不得接触伤口，更不得进入口内，其废液不能随意倒入下水道，应倒入指定的回收瓶统一回收处理。

（8）使用酒精灯应随用随点，不用时盖上灯罩，不要用已点燃的酒精灯点燃其他酒精灯，以免酒精流出而失火。

（9）加热试管时，不要将试管口指向自己或别人，也不要俯视正在加热的液体，以免被溅出的液体灼伤。

（10）实验过程中万一发生火灾，不要惊慌，应尽量切断电源或燃气源，用石棉布或湿抹布熄灭（盖住）火焰。密度小于水的非水溶性有机溶剂着火时，不可用水浇，以防止火势蔓延。电器着火时，不可用水冲，以防触电，应使用干粉灭火器或干冰进行灭火。着火范围较大时，应立即用灭火器灭火，并根据火情决定是否要报告消防部门。

三、实验数据的记录、处理及实验报告

1. 实验数据的记录

实验应记录在专门的实验记录纸上，绝对不允许将数据记录在单页纸或小纸片上，或者随便记录在其他地方。实验记录应该与实验报告分开。

实验过程中要及时将主要操作、发生的现象、结果及各种测量数据准确而清晰地记录下来。记录实验数据要有严谨的科学态度，要实事求是，切忌夹杂主观因素，更不能随意拼凑或伪造数据。测量数据时，应该注意有效数字的位数。

进行记录时，文字记录应当整齐清洁，简明扼要。数据记录宜采用列表法，使其更为简洁。若发现数据记录或计算有误，不得涂改，应将错误数据用线划去，在旁边写上正确的数据。

实验结束后，应将实验数据仔细复核并交指导教员签字后方可离开实验室。

2. 实验数据处理

在实际工作中，常常根据准确度和精密度（简称精度）来评价测定结果的优劣：化学分析中，精密度是指使用特定的分析程序，在受控条件下重复分析测定均一样品所获得测定值之间的一致性程度。通俗来说即一组平行测定的结果相互接近的程度。在分析实验中，一般平行测量 2～3 次，通常 3 次。在没有可疑数据的情况下，通常采用标准偏差来表示分析结果的精密度。

三次结果的算术平均值为：

$$\bar{x} = \frac{1}{3}\sum_{i=1}^{3} x_i = \frac{x_1 + x_2 + x_3}{3}$$

偏差为：

$$d = |x_i - \bar{x}|$$

标准偏差：

$$S = \sqrt{\frac{\sum_{i=1}^{3}(x_i - \bar{x})^2}{n-1}}$$

分析结果的准确度是指测量值 x_i 与真（实）值 μ 接近的程度。准确度的高低用误差来衡量，误差越小，分析结果的准确度越高；误差越大，准确度越低。测量值的误差有两种表示方法：绝对误差和相对误差。一般采用相对误差来表示分析结果的准确度。

绝对误差：

$$E = x_i - \mu$$

相对误差：

$$E_r = \frac{x_i - \mu}{\mu} \times 100\%$$

实验数据处理过程中还需根据有效数字运算规则和实验需求确定有效数字及其取舍方法。

3. 实验报告

实验报告是对实验的提炼、归纳和总结，能进一步消化所学知识，培养分析问题的能力，因此要重视实验报告的书写。

实验报告应注明实验名称、实验日期班次、实验人、学号或实验编号，根据具体实验要求，还可记录实验的温度及湿度等，按照下面内容书写实验报告。

（1）实验目的：简要说明本实验的目的和要求。

（2）实验原理：扼要叙述实验相关的原理，可以用文字、反应式和示意图表示。

（3）实验内容：简明扼要，可以用流程图表示。

（4）实验数据记录及处理：可以用表格、图形将实验数据表示出来，并按照一定公式计算出分析结果和分析结果的精密度等。

（5）讨论或实验感想：对实验中观察到的现象及实验结果进行分析讨论，可以是实验中发现的问题、误差分析、经验教训总结、对教员和实验室的意见建议等。

（6）思考题：完成实验后解答思考题。

【实验报告示例】

实验三　石油产品运动黏度的测定

实验日期：_____年_____月_____日　班次：_____

实验人：_____　学号：_____

一、实验目的

二、实验原理

三、实验内容

四、实验数据记录及处理

实验次数	I	II	III
t/s			
t 的算术平均值			
偏差 d			

五、讨论或实验感想

六、思考题

第二章 >>>
油料分析综合实验

实验一　石油产品密度的测定

一、实验目的

1. 掌握石油密度的含义、测定方法和测定的意义。
2. 掌握石油密度计法测定石油密度的主要方法和步骤。
3. 了解常用石油产品（简称油品）的密度。

二、实验原理

1. 石油密度

单位体积内所含石油的质量，称为石油的密度，用ρ表示，其单位为 $kg\cdot m^{-3}$ 或 $g\cdot cm^{-3}$。密度有视密度、标准密度、相对密度之分。

由于石油体积随温度变化而改变，因此石油产品密度的测定结果必须注明测定温度，用ρ_t表示，其中ρ为测得的密度值，t为测定该值时的温度，例如ρ_{20}、ρ_{15}分别表示石油产品在20℃和15℃时的密度。

视密度和标准密度：我国统一规定测定石油产品密度的标准温度为20℃，把20℃时的密度规定为石油产品的标准密度，以ρ_{20}表示，因此测定石油密度所用的密度计都是在20℃时进行分度的，即在使用时只有在20℃时密度计的示值才是正确的。在其他温度下测得的密度ρ_t，称为视密度，需查表或计算为20℃时的密度。

相对密度（也叫作比重）：在一定条件下，一种物质的密度与另一种参考物质密度之比称为相对密度，用 d 表示。石油的相对密度以 4℃的纯水为参考物质，通常以 4℃纯水的密度值为 $1g/cm^3$，所以油品在 t℃下的相对密度值就是油品在 t℃的密度值。

2. 石油密度的测定方法

石油密度测定分为在线测定和实验室测定。

（1）在线测定　在线测定大部分选用振动管式液体密度计进行测定。选用的密度计测定准确度不应超过±1 kg·m^{-3}，在条件允许的情况下，可选用测定准确度±0.5 kg·m^{-3}。确定密度计的数量时，每个流量计组一般安装2台密度计，正常运行1台，备用1台。

在密度计的工艺安装中，应设计密度计在线检定流程。当被测介质有结蜡或结垢现象时，应设置除蜡、除垢设备，以确保密度计的测定准确性。

（2）实验室测定　石油密度的实验室测定有密度计法和比重瓶法。

密度计法是以阿基米德定律为基础的。当密度计沉入液体时，排开一部分液体，受到向上的浮力，当自重等于浮力时，密度计漂浮在液体石油产品中。比重瓶法是根据密度的定义，测定比重瓶内油品的质量和容积的比值。在20℃时，先称量空比重瓶，再称量用蒸馏水充满至标线的比重瓶，求得瓶内水的质量（"水值"），再除以水的密度得到比重瓶的容积，然后将被测石油产品充满至标线求得其质量，由此即可求出油品的密度。

密度计法有：GB/T 1884—2000《原油和液体石油产品密度实验室测定法（密度计法）》（相当于 ISO 3675，ASTMD 1289）；GB/T 1885—1998《石油计量表》。

比重瓶法有：GB/T 13377—2010《原油和液体或固体石油产品　密度或相对密度的测定　毛细管塞比重瓶和带刻度双毛细管比重瓶法》。

密度计法简单方便，一般用于生产现场和质量检验；比重瓶法精密度高，多用于科学研究。

3. 测定石油密度的意义

石油密度在石油开发、生产、销售、使用、计量和设计等方面都是一个重要指标。石油密度主要用于油品计量和某些油品的质量控制，以及简单判断油品性能。由于密度与石油的物理、化学性质有关，所以根据密度也可以大致估计原油的类型，例如含烷烃多的原油密度常较含环烷烃及芳烃多的原油密度低，含硫、氧、氢化合物及胶质和沥青质越多的原油密度越高。另外，密度也可以作为计算燃油的总发热量和十六烷值等的质量指标。因此，石油密度的测定在生产及储存中有着重要的意义，在某些产品中，为了严格控制原料来源及馏分性质，对密度有一定的要求。

本实验采用密度计法测定石油产品的密度：将试样处理至合适的温度并转移到和试样温度大致一样的密度计量筒中。再把合适的石油密度计垂直放入试样中并让其稳定，等其温度达到平衡状态后，读取石油密度计刻度的读数并记下试样的温度。在实验温度下测得的石油密度计读数，用 GB/T 1885—1998《石油计量表》中的石油密度换算表或者计算法换算到20℃时的密度。

三、实验设备和材料

（1）石油密度计一盒　应符合《石油密度计技术条件（SY 3301—74）》规定的 SY-Ⅰ 型或 SY-Ⅱ 型石油密度计，或者《石油密度计技术条件（SH/T 0316—1998）》规定的 SY-02 型、SY-05 型或 SY-10 型石油密度计。各支石油密度计的规格及性能见表2-1。

表2-1　石油密度计的规格及性能

标准	系列	测定范围/g·cm^{-3}	支数量/支	分度值/g·cm^{-3}	最大刻度误差/g·cm^{-3}	读数及修正/g·cm^{-3}	
						读数	修正值
SH/T 0316	SY-02	0.60～1.10	25	0.0002	0.0002	透明：弯月面下缘直接读数；不透明：弯月面上缘读数值+修正值	0.0003
	SY-05		10	0.0005	0.0003		0.0007
	SY-10		10	0.001	0.0006		0.0014
SY/T 3301	SY-Ⅰ	0.65～1.01	99	0.0005	0.0003	弯月面上缘直接读数	
	SY-Ⅱ		66	0.001	0.001		

（2）玻璃量筒　内径不少于 40mm，高度不少于 300mm。

（3）温度计　0～50℃，分度值为 0.1℃。

（4）恒温浴　当试样性质要求在较高于或低于室温下测定时，应使用恒温浴。使试样温度变化稳定在±0.25℃以内，以避免温度变化过大影响测定结果。

为石油计量而作密度测定时，要使用 SY-Ⅰ型或相当于 SY-Ⅰ型的石油密度计。

四、实验内容

1. 熟悉装置，掌握工作原理、试验过程和各项操作要点。

2. 选用适当密度范围的石油密度计。

3. 将试油小心地沿着量筒壁倾入量筒中，量筒应放在没有气流的地方，并保持平稳，以免生成气泡。当试油表面有气泡聚集时，可用一片清洁滤纸除去气泡。

4. 将选好的清洁、干燥的密度计小心地放入试油中，注意液面以上的密度计杆体浸湿不得超过两个最小分度值，因为杆体上多余的液体会影响所得读数。

注意：对低黏度试样，放开石油密度计时要轻轻转动一下，以帮助它在离开密度计量筒壁的地方静止下来又自由地漂浮，应有充分的时间使石油密度计静止；对高黏度的试样，让全部气泡升到表面，除去气泡，并应等待足够长的时间，使石油密度计静止，达到平衡。

5. 待密度计稳定后，根据所选密度计的系列，按照表 2-1 中的方法进行读数和修正，并记录数据。当采用 SY-Ⅰ型密度计读数时，必须注意密度计不应与量筒壁接触，眼睛要与弯月面的上缘成水平线进行读数。若采用 SY-02、SY-05 型密度计时，必须注意密度计不应与量筒壁接触，对于透明液体，眼睛要与弯月面的下缘成水平线进行读数；而对于不透明的液体，眼睛要与弯月面的上缘成水平线进行读数，并按规定进行数值修正。

6. 将温度计小心地放入试样中，测定试样的温度，注意温度计要保持全浸（水银线），切勿使水银球触碰到量筒的边壁或底部。待稳定后读取温度值。

7. 将石油密度计稍稍提起。再轻轻放入试样中，待石油密度计静止后，立即用温度计小心地搅拌试样，注意温度计水银线要保持全浸。再读取并记录视密度和试样温度。两次视密度数值差值和两次试样温度差值应符合精密度要求，即要保证两次视密度差值在 0.0005 g·mL^{-1}（SY-Ⅰ型、SY-05 型）或 0.0002 g·mL^{-1}（SY-02 型）以内，两次温度之差在 0.5℃ 以内，否则重新测试。

8. 用同样的方法，测定并记录其他试样的视密度和试验温度。

9. 检查实验结果，待数据合理、正确后，结束实验，清理物品，恢复现场。

五、实验数据记录及处理

1. 实验数据记录（表 2-2）

表 2-2　实验数据记录

石油密度计的规格型号：_____；量筒规格：_____mL；
温度计的测定范围：_____℃；最小刻度：_____℃；室温：_____℃。

项目		汽油	煤油	柴油
特性（状态、颜色、气味等）				
第一次	加入试样体积/mL			
	视密度/g·cm^{-3}			
	试样温度/℃			
第二次	加入试样体积/mL			
	视密度/g·cm^{-3}			
	试样温度/℃			

2.由视密度求标准密度

根据所测温度下的视密度数值，分别用下述方法求得标准密度。

法一：根据所测温度下的视密度数值，查 GB/T 1885—1998《石油计量表》中视密度换算表，并采用比例内插法求得 20℃的密度。

法二：由式（2-1）计算出 20℃下的密度，取两个密度的算术平均值作为测定结果。

$$\rho_{20} = \rho_t + \gamma(t - 20) \tag{2-1}$$

式中，γ 为平均密度温度系数，$g \cdot cm^{-3} \cdot ℃^{-1}$，其值查表 2-3 获取。

表 2-3　石油的平均密度温度系数

密度（ρ_{20}）/kg·m^{-3}	γ/ g·cm^{-3}·℃$^{-1}$	密度（ρ_{20}）/kg·m^{-3}	γ/ g·cm^{-3}·℃$^{-1}$
0.6955～0.7013	0.00089	0.8214～0.8291	0.00070
0.7014～0.7072	0.00088	0.8292～0.8370	0.00069
0.7073～0.7112	0.00087	0.8371～0.8450	0.00068
0.7113～0.7193	0.00086	0.8451～0.8533	0.00067
0.7194～0.7255	0.00085	0.8534～0.8618	0.00066
0.7256～0.7314	0.00084	0.8619～0.8704	0.00065
0.7315～0.7380	0.00083	0.8705～0.8792	0.00064
0.7381～0.7443	0.00082	0.8793～0.8884	0.00063
0.7444～0.7509	0.00081	0.8885～0.8977	0.00062
0.7510～0.7574	0.00080	0.8978～0.9073	0.00061
0.7575～0.7640	0.00079	0.9074～0.9172	0.00060
0.7641～0.7709	0.00078	0.9173～0.9276	0.00059
0.7710～0.7772	0.00077	0.9277～0.9382	0.00058
0.7773～0.7847	0.00076	0.9383～0.9492	0.00057
0.7848～0.7917	0.00075	0.9493～0.9609	0.00056
0.7918～0.7990	0.00074	0.9610～0.9729	0.00055
0.7991～0.8063	0.00073	0.9730～0.9855	0.00054
0.8064～0.8137	0.00072	0.9856～0.9951	0.00053
0.8138～0.8213	0.00071	0.9952～1.0131	0.00052

3. 确定试样的标准密度

采用第二种方法求得的密度作为该试样的标准密度。

六、实验注意事项

1. 选用密度计时，首先应估计所测油品的大约密度值，选用预先擦拭干净的合适范围的密度计，并且要从小到大选用。

2. 在取用密度计时，为了尽量减少手指对密度计的污染，以及避免密度计上端细小部分折断，应先用一只手将密度计下端（粗端）轻轻拨向上方，使密度计上端（细端）离开盒内槽位，然后用另一只手轻轻拿住密度计上端，扶直，慢慢提起。严禁横拿。

3. 将密度计垂直浸入量筒的试油中时，应轻轻放入，直到密度计下端全部进入到试油中，或手感到有点浮力后才可放手，以免因密度计选择不当，突然沉底而碰破。使密度计自由漂浮在量筒中心。

4. 用过的密度计或温度计，应轻轻提起、待试样不再滴落时垂直浸入洗涤汽油中洗去试油，并且用轻汽油或石油醚自上而下淋洗一遍或者擦拭干净后放回盒中。

5. 擦拭密度计时，应先用一只手轻轻提起上端，再用另一只手轻轻托住下端进行擦拭。

6. 对其中挥发性但黏稠的试油（如原油），应当在加热到具有足够流动性的最低温度下测定。

使用恒温浴时，其液面要高于密度计量筒中试样的液面。

七、思考与讨论

1. 什么是液体的密度？密度和比重有何区别？
2. 测定液体密度的方法有几种？各是根据什么原理来测定的？
3. 用密度计来测定油品密度时，应遵循哪些原则？
4. 如何正确选用和取放密度计？测定时应如何正确读取密度计的数值？

实验二　石油产品运动黏度的测定

一、实验目的

1. 了解油品的流动特性，黏度的意义、表示和测定的方法。
2. 学会用毛细管黏度计测定油品运动黏度，掌握其原理、操作规程。

二、实验原理

黏度是石油产品主要的使用指标之一，特别是对各种润滑油的分类分级、质量鉴别和确定用途等有决定性的意义，润滑油的牌号大部分是以产品标准中运动黏度的平均值来划分。在石油流动及输送过程中，黏度对流体流态、压力降等起重要作用，因此黏度又是计算、设计过程中不可缺少的物理常数。

本实验是采用 GB/T 265—1988《石油产品运动黏度测定法和动力黏度计算法》试验标准来测定润滑油的运动黏度。该方法适用于测定液体石油产品的运动黏度，其单位 $m^2 \cdot s^{-1}$，通常在实际中使用 $mm^2 \cdot s^{-1}$。

在某一恒定温度下，测定一定体积的液体在重力下流过一个标定好的玻璃毛细管黏度计的时间，黏度计的毛细管常数与流动时间的乘积，即为该温度下液体的运动黏度，用符号 ν 表示。

在温度一定时，试样的运动黏度 ν_t（$mm^2 \cdot s^{-1}$）按式（2-2）计算：

$$\nu_t = ct \tag{2-2}$$

式中，c 为黏度计常数，$mm^2 \cdot s^{-2}$；t 为流动时间，s 。

三、实验设备和材料

1. 主要设备

（1）毛细管黏度计（图 2-1）。毛细管内径分别为 0.4mm、0.6mm、0.8mm、1.0mm、1.2mm、1.5mm、2.0mm、2.5mm、3.0mm、3.5mm、4.0mm、5.0mm 和 6.0mm。

测定试样的运动黏度时，应根据试验的温度及试样的黏度选用适当的黏度计，选用的原则是使试样流经毛细管的时间不少于200s，内径 0.4mm 的黏度计流动时间不少于350s。

（2）石油产品运动黏度测定器（DSY-104）。

（3）洗耳球、橡胶管、擦拭纸、吹风机等。

2. 主要材料

润滑油、洗涤剂。

四、实验内容

1. 熟悉装置。了解测定方法、原理和实验过程，掌握实验操作要点。

2. 往黏度计中装入油品试样。装油品前，将橡胶管接入黏度计 B 端支口，一只手先按紧连接橡胶管的洗耳球，另一只手大拇指按住黏度计的 B 端端口并倒转黏度计，将 A 端浸入油品试样中。缓慢松开洗耳球吸气，使试样自 A 端进入黏度计，到标线 b 为止（吸油应缓慢而均匀，不要使液体产生气泡）。提起黏度计，迅速倒转使其恢复到正常状态，同时用滤纸将管身 A 的管端外壁所沾着的油擦去。注意：黏度计极易在底部弯曲处折断，所以在拿黏度计时，只许拿住 B 端，绝不允许同时拿住 A、B 端。

3. 将黏度计固定在黏度测定器中的支架上。固定时水位必须把黏度计的扩张部分 3 浸入一半，同时，黏度计应与水平垂直。

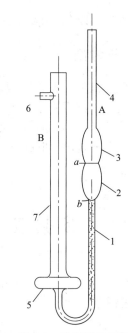

图 2-1　毛细管黏度计

1—毛细管；2,3—扩张部分；4,5,7—管身；
6—支管；a，b—标线

4. 黏度计在 40℃恒温浴内恒温 15min 后，将试样放入或吸入扩张部分 2，使液面稍高于标线 a，然后让试样自由向下流动，仔细观察。当液面正好达到标线 a 时，启动秒表，等液面正好达到标线 b 时，停止秒表。注意：鼓气或吸气时，要慢，小心勿使试样从仪器顶部流出或产生气泡。

5. 记录所需时间，测定三次，取其算术平均值。

6. 计算试样在实验温度下的运动黏度。

7. 同法测试 50℃时的流动时间，计算运动黏度。

8. 结束实验，仪器复位（登记使用情况）。

五、实验数据记录及处理

1. 原始数据记录表（表2-4）

表 2-4　数据记录表

运动黏度测试仪编号			
试样名称			
试验温度/℃			
毛细管黏度计	规格		
	编号		
	黏度计常数		
流动时间/s	第一次		
	第二次		
	第三次		

2. 数据计算及结果处理

写出平均流动时间及运动黏度的详细计算过程以及计算结果的处理。

六、思考与讨论

1. 毛细管黏度计选择的原则是什么？为什么？
2. 正确测定黏度的关键是什么？为什么？
3. 试述石油产品运动黏度的测定原理。

实验三　石油产品馏程的测定

一、实验目的

1. 了解馏程对油品的意义。
2. 学会测定油品馏程的方法、原理、操作规程。
3. 根据实验结果研究和分析油品的性质。

二、实验原理

1. 馏程

一般每个纯净的物质都有一个确定的沸点，但石油产品是一个多组分的混合物，其沸点表现为一个很宽的范围，这个范围就是石油产品的馏程。当加热油品时，首先蒸发出来的是分子量小的、沸点低的组分，随着加热温度的升高，分子量大的、沸点高的组分也逐渐蒸发出来，直到最后最高沸点的物质全部蒸发出来为止。

馏程测定在生产和使用上都有极其重要的意义：①馏程测定是原油评价的重要内容，从所测石油馏分的收率和性质上来确定原油最适宜的加工方案；②馏程测定也是评定油品蒸发性的重要指标，同时也是区分不同油品的重要指标之一；③馏程测定是炼油设计中必不可少的基础数据；④馏程是装置生产操作控制的依据；⑤馏程是判断油品使用性能的重要指标，根据馏程可判断其在使用时启动、加速和燃烧的性能，以及积炭倾向和磨损情况。

馏程是在一定温度范围内石油产品中可能蒸馏出来的油品数量和温度的标志。我国采用恩氏蒸馏方法，即取 100mL 石油在规定的仪器中，按规定的条件和操作方法进行蒸馏过程。常用的蒸馏过程分为常压蒸馏、减压蒸馏和实沸点蒸馏。

2. 馏程的测定方法

蒸馏的测定标准有：GB 255—1977《石油产品馏程测定法》、GB/T 6536—2010《石油产品常压蒸馏特性测定法》。另外还有 GB/T 9168—1997《石油产品减压蒸馏测定法》，GB/T 17280—2017《原油蒸馏标准试验方法 15-理论塔板蒸馏柱》。

本实验采用 GB 255—1977《石油产品馏程测定法》来测定轻质石油产品——汽油的馏分组成。其基本方法是：将 100mL 试样在规定的仪器及试验条件下，按产品性质的要求进行蒸馏，系统地观察温度读数和冷凝液体积，然后从这些数据算出测定结果。

三、实验设备和材料

1. 主要设备

（1）石油产品馏程测定器，如图 2-2 所示：符合 SH/T 0121—1992《石油产品馏程测定装置技术条件》的各项规定，冰水冷却。

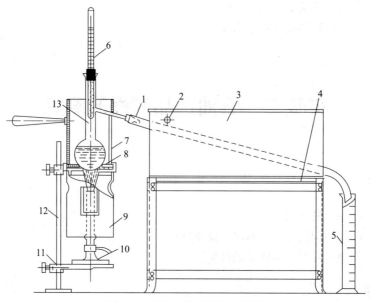

图 2-2　石油产品馏程测定装置

1—冷凝管；2—排水支管；3—冷凝器；4—进水支管；5—量筒；6—温度计；
7—上罩；8—石棉垫；9—下罩；10—喷灯；11—托架；12—支架；13—蒸馏烧瓶

（2）石油产品蒸馏试验器（双管式），符合 GB/T 6536—2010《石油产品常压蒸馏特性测定法》规定的要求，压缩机制冷。

（3）秒表。

（4）温度计：分度值为 1℃，符合 GB/T 514—2005《石油产品试验用玻璃液体温度计技术条件》。

（5）蒸馏烧瓶：100mL，特制。

（6）量筒：100 mL，5mL。

（7）其他：胶棉液、塞子等。

2. 主要材料

油样：轻质柴油。

四、实验内容

1. 熟悉装置，了解测定原理和过程，掌握测定设备和实验仪器的操作和使用。

2. 打开制冷开关或冷凝器中加入冰块，使水槽中的温度必须保持在 0～5℃。

3. 用缠有软布或棉花的铜丝或铝丝擦拭冷凝管内壁。

4. 用清洁、干燥的 100mL 量筒，准确量取 100mL 试样，并尽可能地将量筒中的试样全部倒入蒸馏瓶中，要注意不能有液体流入烧瓶的支管中。

5. 直接将取过试样的量筒放在冷凝管下端的量筒冷却浴（20±3℃）内，使冷凝管的下端位于量筒的中心，并深入量筒内至少25mm。用棉花轻轻罩住量筒的上口。

6. 用插好温度计的软木塞（或耐热橡胶塞）紧密地塞在盛有试样的蒸馏烧瓶内，使温度计和蒸馏烧瓶的轴心线相互重合，并且使水银球的上缘与支管焊接处的下边线同一平面。

7. 将装好试样的蒸馏烧瓶按要求安装在加热器的规定垫圈（碳化硅板）上，其支管用软木塞（或耐热橡胶塞）与冷凝管的上端紧密相连，并在塞子连接处涂上火棉胶，将罩子放上。

8. 记录室温和大气压力。

9. 打开蒸馏加热开关，调节加热速度（若使用电炉加热使电炉表头指针处在中部偏大一点的位置），然后开始对蒸馏烧瓶均匀加热。密切注意温度计读数和冷凝管出口：当第一滴馏出液从冷凝管滴入量筒时，记录此时的温度作为初馏点。

10. 初馏点之后，移动量筒，使其内壁接触冷凝管末端，让馏出液沿着量筒内壁留下。此后，蒸馏速度要均匀，每分钟馏出4~5mL（相当于每10s馏出20~25滴）。

11. 密切注意温度计读数和量筒内馏出液体积，并详细记录在馏出百分数10%、20%、30%、40%、50%、60%、70%、80%、90%、97%等的温度。

12. 当量筒中的馏出液达到90mL时，停止加热，让流出液继续馏出5min，然后记录量筒中液体的体积。

13. 取出上罩，让蒸馏烧瓶冷却5min后，从冷凝管卸下蒸馏烧瓶。取下温度计及瓶塞之后，将蒸馏烧瓶中热的残留物仔细倒入10mL量筒内，读取并记录残留物的体积，精确至0.1mL。

14. 试样的100mL减去馏出液和残留物的总体积所得之差，就是蒸馏的损失。

15. 结束实验，仪器复位，清理物品，恢复现场。

五、实验数据记录及处理

1. 实验数据记录（表2-5）

表2-5　数据记录表

试样名称：_____；室温：_____℃；大气压力：_____kPa；
制冷方式：_____；冷浴温度：_____℃。

项目	时间	温度计读数 t/℃
加热开始		
初馏点		
10%		
20%		
30%		
40%		
50%		
60%		
70%		
80%		
90%		
97%		
终馏点		
残留物体积/mL		
馏出总量/mL		

2. 实验数据处理

（1）蒸馏损失的计算

$$蒸馏损失=100-（馏出物体积+残留物体积）mL$$

（2）大气压力对馏出温度影响的修正

① 大气压力高于 102.7 kPa（770mmHg）或低于 100.0 kPa（750mmHg）时，馏出温度所受大气压力的影响按式（2-3）或式（2-4）计算修正数 C：

$$C = 0.0009(101.3 - p)(273 + t) \tag{2-3}$$

或

$$C = 0.00012(760 - p)(273 + t) \tag{2-4}$$

式中，p 为试验时大气压力，kPa[式（2-3）或 mmHg 式（2-4）]；t 为温度计读数，℃。

② 利用表 2-6 中的馏出温度修正常数 k，按式（2-5）或式（2-6）简捷地算出修正数 C：

$$C = k(101.3 - p) \times 7.5 \tag{2-5}$$

或

$$C = k(760 - p) \tag{2-6}$$

表 2-6 馏出温度修正常数

馏出温度/℃	k	馏出温度/℃	k	馏出温度/℃	k	馏出温度/℃	k
11~20	0.035	101~110	0.045	191~200	0.056	281~290	0.067
21~30	0.036	111~120	0.047	201~210	0.057	291~300	0.068
31~40	0.037	121~130	0.048	211~220	0.059	301~310	0.069
41~50	0.038	131~140	0.049	221~230	0.060	311~320	0.071
51~60	0.039	141~150	0.050	231~240	0.061	321~330	0.072
61~70	0.041	151~160	0.051	241~250	0.062	331~340	0.073
71~80	0.042	161~170	0.053	251~260	0.063	341~350	0.074
81~90	0.043	171~180	0.054	261~270	0.065	351~360	0.075
91~100	0.044	181~190	0.055	271~280	0.066		

馏出温度在大气压力 p 时的数据 t 和在 101.3 kPa（760mmHg）时的数据 t_0，存在如下的换算关系：

$$t_0 = t + C \tag{2-7}$$

或

$$t = t_0 - C \tag{2-8}$$

计算结果见表 2-7。实际大气压力在 100.0~102.7 kPa（750~770mmHg）范围内，馏出温度不需要进行上述的修正，即认为 $t=t_0$。

表 2-7 计算结果项目表

试样名称：_____；室内温度：_____℃；大气压力：_____kPa

项目	温度计读数 t/℃	修正值 C/℃	修正后的馏出温度 t_0/℃
初馏点			
10%			
20%			
30%			
40%			
50%			

项目	温度计读数 t/℃	修正值 C/℃	修正后的馏出温度 t_0/℃
60%			
70%			
80%			
90%			
97%			
终馏点			
残留物/mL			
馏出总量/mL			
蒸馏损失/mL			

试写出计算过程。

六、思考与讨论

1. 什么是石油产品的馏程？它对油品质量有何影响？
2. 石油馏分与石油产品有什么区别和联系？
3. 绘制蒸馏曲线，并对结果进行分析说明。

实验四　石油产品闪点的测定

一、实验目的

1. 了解油品的安全特性、闪点的意义、表示和测定方法。
2. 掌握闭口杯法测定油品闪点的方法、原理和操作规程。
3. 学会实测一种油品的闭口闪点。

二、实验原理

1. 闪点

闪点是指在一定的试验条件下，将试样加热蒸发，使之与空气形成油气混合物，遇火即发生闪火（微小爆炸现象，即火焰一闪即灭）时的最低温度。当超过闪点继续升温，能发生连续 5s 以上的燃烧现象的最低温度就是燃点。一般地，燃点比闪点高 1~5℃。闪点是微小爆炸的最低温度。混合气中可燃性气体含量达到一定浓度时，遇火才能爆炸。

闪点是油品的安全性指标，是鉴定油品发生火灾危险性的重要依据，是鉴定油品质量和规定储存、运输和使用条件的主要指标之一。油品的火灾危险等级是根据闪点划分的：甲类闪点<28℃，如汽油、原油；乙类闪点在 28~60℃，如煤油、35#柴油；丙类闪点>60℃，如柴油、润滑油等。易燃液体也是根据闪点进行分类的，闪点在 45℃以下的液体叫作易燃液体；闪点在 45℃以上的液体叫作可燃液体。按闪点的高低可确定其运输、储存和使用的各种防火安全措施。油品在储存和使用中的温度一般应低于闪点 20～30℃。对于润滑油来说，闪点除说明其在使用的安全性外，还反映它在高温时蒸发损失的可能性。另外根据开口闪点与闭口闪点之差值，可以判断润滑油中是否掺有微量的低沸点油品或溶剂，当其中含有微量低沸点组分时，会使闪点显著增大。

2. 影响闪点大小的因素

影响闪点大小的因素有蒸气压、馏程和化学组成等。

（1）蒸气压愈高，闪点就愈低。如汽油的闪点是−58～28℃；煤油的闪点是 27～45℃；柴油的闪点是 60～110℃；润滑油的闪点一般大于 120℃。

（2）馏程越低，闪点越低。一般可用初馏点（t_0）和 10%馏出温度（$t_{10\%}$）来估计闪点：

$$\text{闪点} = -26.3 + 0.48t_0 + 0.57(t_{10\%} - t_0) \text{℃} \tag{2-9}$$

（3）含烷烃较多的油品闪点较高。相反含环烷烃、芳香烃较多的油品所制成同一黏度的油品闪点较低。

3. 测定油品闪点的方法

测定油品闪点的方法有开口杯法和闭口杯法两种，其相关标准为：①GB/T 261—2021《闪点的测定 宾斯基-马丁闭口杯法》；②GB 267—1988《石油产品闪点与燃点测定法 （开口杯法）》、GB/T 3536—2008《石油产品闪点和燃点的测定 克利夫兰开口杯法》。

开口杯法是用规定的开口（杯）闪点测定器测定油品的闪点，多用于润滑油、重油闪点的测定。其实验装置如图 2-3 所示。基本原理为：把试样装入内坩埚中到规定的刻线。首先迅速升高试样的温度然后缓慢升温，当接近闪点时，恒速升温。在规定的温度间隔，用一个小的点火器火焰按规定通过试样表面，以点火器火焰使试样表面上的蒸气发生闪火的最低温度作为开口闪点。继续进行试验，直到用点火器火焰使试样发生点燃并至少燃烧 5s 的最低温度，作为开口杯法燃点。

闭口杯法是使用规定的闭口（杯）闪点测定器测定油品的闪点，主要用于轻质油品闪点的测定。其实验装置如图 2-4 所示。闭口杯法的原理是：试样在连续搅拌下，用很慢的恒定的速率加热。在规定的温度间隔，同时中断搅拌的情况下，将一直径为 3～4mm 的小火焰引入杯内。试验火焰引起试样上的蒸气闪火时的最低温度作为闭口闪点。一般地，开口杯测定的闪点要比闭口杯低 15～25℃。

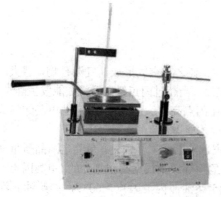

图 2-3　开口闪点测定器

图 2-4　闭口闪点测定器

本实验是采用闭口杯法来测定一种轻质油品（−10 号柴油）的闪点。

三、实验设备和材料

1. 主要设备

（1）闭口闪点测定器结构如图 2-5 所示：符合 SH 0315—1992（闭口闪点测定器技术条件）。

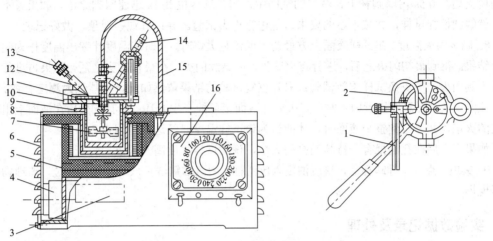

图 2-5　闭口闪点测定器结构

1—油杯手柄；2—点火管；3—铭牌；4—电动机；5—电炉盘；6—壳体；7—搅拌桨；8—浴套；
9—油杯；10—油杯盖；11—滑板；12—点火器；13—点火器调节螺钉；14—温度计；15—传动软轴；16—开关箱

（2）温度计：分度值为 1℃，符合 GB/T 514—2005《石油产品试验用玻璃液体温度计技术条件》。

（3）燃气袋、燃气连接胶管、螺旋夹、打火机（或火柴）、洗涤刷、擦拭纸等。

2. 主要材料

试样：−10 号柴油、洗刷液；无铅汽油、洗涤剂。

四、实验内容

1. 熟悉装置，掌握工作原理、实验过程和各项操作要求。

2. 学习和掌握大气压力计的工作原理、调节方法和读数方法，测定当地大气压。调整气压计工作液面，使其处于有效状态，并根据水银柱高度调整气压计游标至准确位置，读取试验时的实际大气压力。

3. 充装燃气，连接气路。燃气袋接上连接胶管，在气瓶上充装燃气袋至气袋轻轻鼓起，用弹簧夹夹住连接胶管出口，拿至装置处，连接气路。

4. 加试样，连接组装设备。将试样注入干净的油杯中至环状标记处，然后盖上清洁、干燥的杯盖，插入合适的温度计，并将油杯放在空气浴中。试验闪点低于 50℃ 的试样时，应预先将空气浴冷却到室温（20±5）℃。

5. 通电，搅拌，升温。要严格控制变压器的电压（开始 100V 左右），使温度缓慢上升。试验闪点低于 50℃ 的试样时，从试验开始到结束要不断地进行搅拌，并使试样温度每分钟升高 1℃。试验闪点高于 50℃ 的试样时，开始加热速度要均匀上升，并定期进行搅拌。到预计闪点前 40℃

时，调整加热速度，使在预计闪点 20℃时，升温速度能控制在每分钟升高 2～3℃，并还要不断进行搅拌。

6. 引燃点火器，并将火焰调整到接近球形，其直径为 3～4mm。

7. 点火试验。当试样温度到达预期闪点前 10℃时，对于闪点低于 104℃的试样每经 1℃进行点火试验；对于高于 104℃的试样每经 2℃进行点火试验。点火时，停止搅拌，转动杯盖的旋转手柄使火焰在 0.5s 内降到杯上含蒸气的空间中，留在这一位置 1s 迅速回到原位。如果看不到闪火，就继续搅拌试样，并按本条的要求重复进行点火试验。并认真观察现象，做好记录。

8. 确定闪火温度。在试样液面上方最初出现蓝色火焰时，立即从温度计读出温度作为闪点的测定结果。得到最初闪火之后，进行点火试验，应继续闪火。在最初闪火之后，如果再进行点火却看不到闪火，应更换试样重新试验；只有重复试验的结果依然如此，才能认为测定有效。

注意：当试样温度接近闪点时，点火后在液面上可能产生光环；只有点火后在液面上出现相当大的火焰，并蔓延到整个液面时，才能认为该试样温度已经达到了闪点。

如果点火后在孔洞处有一持续明亮的火焰，说明试样温度高于闪点。

9. 关电，点火。拆卸杯盖，将废油倒入废油桶，用汽油清洗后放回。仪器复位，清理物品，恢复现场。

五、实验数据记录及处理

1. 实验数据记录（表2-8）

表 2-8 数据记录表

设备名称、规格型号：_____；当地大气压：_____kPa；室温：_____℃
试样名称、牌号：_____；预计闪点：_____℃。

项目	温度/℃	时间	现象（有无闪火）
加热开始			
第 1 次点火			
第 2 次点火			
第 3 次点火			
第 4 次点火			
第 5 次点火			
第 6 次点火			
第……次点火			

2. 数据计算及结果处理

闪点可由式（2-10）计算：

$$t = t_1 + \Delta t \tag{2-10}$$

式中，t 为闪点；t_1 为第一次闪火温度；Δt 为大气压修正值。

大气压力对闪点影响的修正，可按下述方法进行，修正后四舍五入取整数报结果。

修正值由式（2-11）或式（2-12）计算：

$$\Delta t = 0.25（101.3 - p） \tag{2-11}$$

或

$$\Delta t = 0.0345（760 - p） \tag{2-12}$$

Δt 还可由表 2-9 查出。

表 2-9　Δt 修正值对照表

大气压/mmHg	630～658	659～687	688～716	717～745	775～803
Δt /°C	+4	+3	+2	+1	−1

注：1mmHg=133Pa。

六、思考与讨论

1. 影响测定闪点的因素是什么？
2. 测定闭口闪点时，如何控制升温速度？
3. 为什么要严格控制加热速度和点火时间间隔？
4. 如何确定油品的闭口闪点值？

实验五　油料燃烧热的测定

一、实验目的

1. 理解燃烧热的含义；掌握恒容燃烧热和恒压燃烧热的差别及相互关系。
2. 掌握弹式量热计法测定液体燃料燃烧热的方法。
3. 掌握雷诺图法校正温度的方法。

二、实验原理

1. 燃烧热

在一定温度和压力下，1mol 物质完全燃烧时的恒压反应热称为该物质在此温度下的摩尔燃烧热，记为$\Delta_c H_m$。根据燃烧热过程中是恒容还是恒压，燃烧热可以分为恒容燃烧热和恒压燃烧热。

（1）恒容燃烧热　若燃烧反应在固定体积的密闭容器中进行，因为体积恒定，因此体积功 $W=0$，根据热力学第一定律，则有：

$$Q_V = \Delta U \tag{2-13}$$

式中，Q_V 表示恒容燃烧热；ΔU 为系统内能的变化。式（2-13）表明：在恒容条件下，燃烧反应放出的热在数值上等于该反应系统内能的改变量。

恒容反应热可以用弹式量热计进行测定。

（2）恒压燃烧热　若燃烧反应在恒压条件下（如在敞口容器）进行，燃烧反应进行时系统体积变化较大。由热力学分析可知：

$$Q_p = \Delta H = \Delta U + p\Delta V \tag{2-14}$$

式中，Q_p 表示恒压燃烧热；ΔH 为系统的焓变。式（2-14）表明：恒压燃烧热在数值上等于该系统的焓变，即对于 1mol 物质，$\Delta H = \Delta_c H_m$。

（3）Q_p 和 Q_V 的关系　　若把参加反应的气体和生成的气体作为理想气体处理，则存在如式（2-15）关系：

$$Q_p = Q_V + \Delta nRT \qquad\qquad (2-15)$$

式中，Δn 为产物中气体物质的总物质的量与反应物中气体物质的总物质的量之差；R 为气体常数；T 为反应前后的热力学温度。

2. 弹式量热计测定液体燃料燃烧热的原理

恒容反应热的精确测定通常是在弹式量热计中进行的，弹式量热计的结构如图 2-6 所示。

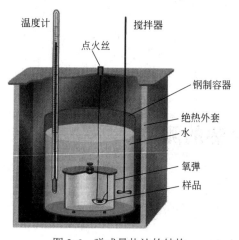

弹式量热计由氧弹（内有样品盘和点火丝）及钢制容器、绝热外套、温度计和搅拌器组成。测定时，首先将已经称重的反应物试样放入样品盘中，密封氧弹，然后在钢制容器中加入已知质量的水浸没氧弹，精确测定起始温度后用电火花引发反应，反应放出的热量被氧弹和周围的水吸收。根据反应的最终读数（反应最终温度达到最高的读数）以及水和氧弹的热容就可以计算出燃烧热值。

测定的基本原理是能量守恒定律。一定量被测物质在氧弹中燃烧时，所释放的热量使氧弹本身及周围的介质和量热计有关附件（钢制容器、搅拌器以及感温探头等设备）的温度升高，测定介质在燃烧前后温度的变化值，就能计算出该样品的燃烧热，得到关系式为：

图 2-6　弹式量热计的结构

$$m_{点火丝}Q_{点火丝} + m_{样品}Q_V = (C_水 m_水 + C_计)\Delta T \qquad\qquad (2-16)$$

式中，Q_V 为待测样品的恒容燃烧热。记 K 为仪器常数，其数值为：

$$K = C_水 m_水 + C_计 \qquad\qquad (2-17)$$

由式（2-17）可知，要测定样品的恒容燃烧热，就必须先知道量热计的热容 $C_计$，测定的方法是用一定量已知燃烧热的标准物质（常用苯甲酸，其 $Q_V=-26477J\cdot g^{-1}$）在相同条件下进行试验，测定其温差，校正为真实温差后代入式（2-16），算出 $C_计$，从而求出仪器常数 K，就可以用 K 值作为已知数求出待测物的燃烧热。

3. 真实温差的处理方法——雷诺作图法

燃烧焓是指 1mol 物质在等温、等压下与氧进行完全氧化反应时的焓变，是化学中的重要数据。一般化学反应的热效应，往往因为反应太慢或反应不完全，不是不能直接测定，就是测不准。但是，通过盖斯定律可用燃烧热数据间接求算。因此燃烧热广泛地应用于各种热化学测定。测定燃烧热原理是能量守恒定律，样品完全燃烧放出的能量使量热计本身及其周围介质（本实验用水）温度升高，测定了介质燃烧前后温度的变化，就可以计算样品的恒容燃烧热。许多物质的燃烧热和反应热已经测定。本实验燃烧热是在恒容情况下测定的。

系统除样品燃烧放出热量引起系统温度升高以外还有其他因素，这些因素都须进行校正。其中系统热漏必须经过雷诺作图法校正。校正方法如下：

称适量待测物质，使燃烧后水温升高 1.5～2.0℃，预先调节水温低于环境 0.5～1.0℃。然后将燃烧前后历次观察的水温对时间作图，连成 *FHID* 折线，见图 2-7（a），图中 *H* 相当于开始燃烧之点，*D* 为观察到最高的温度读数点，在环境温度读数点，作一平行线 *JI* 交折线于 *I*，过 *I* 点作垂线 *ab*，然后将 *FH* 线和 *GD* 线外延交 *ab* 于 *A*、*C* 两点。*A* 点与 *C* 点所表示的温度差即为欲求温度的升高 ΔT。图中 *AA'* 为开始燃烧到温度上升至室温这一段时间 Δt_1 内，由环境辐射和搅拌引进的能量而造成量热计温度的升高，必须扣除之。*CC'* 为温度由室温升高到最高点 *D* 这一段时间 Δt_2 内，量热计向环境射出能量而造成量热计温度的降低，因此需要添加上。由此可见，*AC* 两点的温差较客观地表示了由于样品燃烧促使温度计升高的数值。有时量热计的绝热情况良好，热漏小，而搅拌器功率大，不断稍微引进能量使得燃烧后的最高点不出现，这种情况下 ΔT 仍然可以按照同样方法校正，如图 2-7（b）所示。

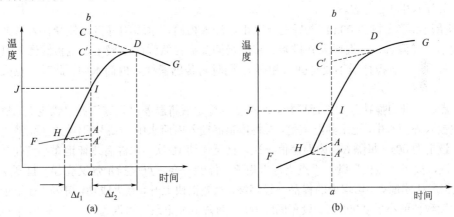

图 2-7　雷诺图处理真实温差

需要说明的是，在用雷诺作图法进行校正时，量热计的温度与外界环境的温度不宜相差太大（最好不超过 2～3℃），否则会引起误差。

三、实验设备和材料

1. 主要设备

（1）液体燃料燃烧热测定装置，主要包括：压片机、氧弹、恒温套桶、充氧器和数字温差仪等。

（2）分析天平。

（3）氧气钢瓶及减压阀。

（4）容量瓶：1000 mL 一个。

（5）点火丝。

（6）量筒：10mL 一个。

2. 主要材料

苯甲酸、待测油品。

四、实验内容

1. 仪器常数 *K* 的测定

（1）样品压片　先用天平初称苯甲酸约 0.8g，用压片机将试样压成片状，注意不能压得太紧，否则点火后不能充分燃烧。将此样品表面的碎屑除去，在天平上准确称取质量。

（2）装样　打开氧弹盖，将氧弹内擦拭干净，特别是电极下端的不锈钢接线柱更应该擦拭干净，把氧弹头放在弹头架上，将样品放入坩埚内，然后将坩埚放入燃烧架上，量取 10cm 的燃烧丝，将燃烧丝的两端分别与弹头两电极固定，用小镊子将点火丝弯成 V 形，使其低端与样品接触，紧贴样品（注意，燃烧丝不能与坩埚壁相碰）。在弹杯中注入 10mL 水，将弹头放入弹杯并小心旋紧氧弹头。

（3）充氧　使用高压钢瓶必须严格遵守操作规则。开始先充入少量氧气（约 0.5MPa），然后开启出口，借以赶出弹中空气。再充入约 2MPa 的氧气。

（4）调节水温　将量热计外筒内注满水缓慢搅动，打开燃烧热实验仪，并将温度传感器插入外筒水中测其温度，再用量筒量取适量的自来水测其温度，如温度偏高或相平，则加冰调节水温，使其低于外筒水中 1℃ 左右。

用容量瓶准确量取 3000mL 调好的自来水，注入内筒，水面刚好盖过氧弹，若氧弹有气泡溢出，说明氧弹漏气，寻找原因并排除。将电极插头插在氧弹两电极上，电极线嵌入氧弹的槽中，盖上盖子（注意搅拌器不要与弹头相碰）。同时将传感器插入内筒水中，此时"点火"指示灯亮起。

（5）点火　开启搅拌开关进行搅拌。水温基本稳定后将温差"采零"并"锁定"。然后将传感器取出放入外筒水中，记录其温差值，再将传感器插入内筒水中。水温基本稳定后，按"定时"增减键，设定为 60s。每隔 60s 读温差值一次，直至连续 10 次，水温有规律地微小变化。设置蜂鸣 15s 一次，按下"点火"键，"点火灯"熄灭，停顿一会，点火指示灯又亮起，直到燃烧丝烧断，点火指示灯熄灭。坩埚内的样品一经燃烧，水温很快上升，点火成功，每隔 15s 记录一次。直到两次读数差值小于 0.005℃。设置间隔 60s，每隔 60s 记录一次温差，连续读 10 个点，直至实验结束。

注意：水温没有上升，说明点火失败，关闭电源，取出氧弹，用放气阀放出氧气，仔细检查燃烧丝和连接线，找出原因并进行排除。

（6）校验　实验结束后，关闭电源，将温度传感器放入外筒。取出氧弹，用放气阀放出氧弹内的余气，旋下氧弹盖，测定燃烧后燃烧丝烧烧的长度，并检查样品燃烧的情况，坩埚内没有残渣说明实验成功，反之实验失败。

2. 液体燃料燃烧热的测定

称取约 0.5g 的待测油品，并准确记录油品的质量。将待测油品注入坩埚中，按照 1 中（2）、（3）和（4）的方法测定该油品的燃烧热值。

五、实验数据记录及处理

1. 实验数据记录

（1）仪器常数 K 的测定（表 2-10）

表 2-10　仪器常数 K 测定数据记录表

苯甲酸质量：_____g；点火丝长度：_____cm；燃烧后点火丝长度：_____cm。

时间顺序	1	2	3	4	5	6	7	8	9	10	11	12	13	14	15
温度/℃															
时间顺序	16	17	18	19	20	21	22	23	24	25	26	27	28	29	30
温度/℃															

（2）液体燃料燃烧热的测定（表 2-11）

表 2-11　液体燃料燃烧热测定数据记录表

油品质量：_____ g；点火丝长度：_____ cm；燃烧后点火丝长度：_____ cm。

时间顺序	1	2	3	4	5	6	7	8	9	10	11	12	13	14	15
温度/℃															
时间顺序	16	17	18	19	20	21	22	23	24	25	26	27	28	29	30
温度/℃															

2. 实验数据处理

（1）用图解法求出苯甲酸燃烧引起量热计温度变化的差值ΔT_1，计算仪器常数 K 值。

（2）用图解法求出油料燃烧引起量热计温度变化的差值恒容燃烧值ΔT_2，计算油料的恒容燃烧热 Q_V。

（3）由 Q_V 计算油料的摩尔燃烧焓$\Delta_c H_m$。

六、实验注意事项

1. 苯甲酸压片不能太紧，也不能太松，太紧不易燃烧，太松容易裂碎。待测样品不能盛放过多，0.5g 左右为宜。

2. 点火丝应紧贴样品，点火后样品才能充分燃烧。

3. 充氧时先充入少量氧气（约 0.5MPa），然后开启氧弹进出气口，借以赶出弹中空气，再充入 1.5～2MPa 的氧气；顺时针旋转氧气钢瓶开关阀是关好钢瓶，逆时针旋转减压阀杆是关好减压阀。要特别注意安全，开时先开氧气钢瓶，再开减压阀；关时先关钢瓶再关减压阀，实验过程中不要频繁的开关钢瓶和减压阀。

4. 点火后温度急速上升，说明点火成功。若温度不变或有微小变化，说明点火没有成功或样品没充分燃烧。应检查原因并排除。

七、思考与讨论

1. 简述装置氧弹和拆开氧弹的操作过程。

2. 为什么实验测定得到的温度差值要经过作图法校正？

3. 使用氧气钢瓶和减压阀时有哪些注意事项？

4. 实验中应如何避免不完全燃烧。

第三章 >>>
水质分析综合实验

实验六　水质综合测定

内容一　舰用锅炉给水及补水碱度的测定

一、实验目的

1. 掌握酸碱滴定法的原理。
2. 了解舰用锅炉给水及补水碱度的测定原理和方法。
3. 熟练滴定操作及相关仪器的操作方法。

二、实验原理

水的碱度是指水中含有能接受氢离子的物质的量。例如氢氧化物（OH^-）、碳酸盐（CO_3^{2-}）、碱式碳酸盐（HCO_3^-）、磷酸氢盐（HPO_4^{2-}）、硅酸盐（SiO_3^{2-}）等，都是水中常见的碱性物质，它们都能与酸反应。因此可以用适宜的指示剂以标准溶液对它们进行滴定。

$$CO_3^{2-} + H^+ \longrightarrow HCO_3^-; \quad HCO_3^- + H^+ \longrightarrow H_2O + CO_2; \quad SiO_3^{2-} + H^+ \longrightarrow HSiO_3^-$$

$$OH^- + H^+ \longrightarrow H_2O; \qquad PO_4^{3-} + H^+ \longrightarrow HPO_4^{2-}; \qquad HPO_4^{2-} + H^+ \longrightarrow H_2PO_4^-$$

碱度可分为酚酞碱度和全碱度两种。酚酞碱度是以酚酞作指示剂时测出的量，全碱度是以甲基橙作指示剂时测出的量，若碱度很小时，全碱度一般以甲基红-溴甲酚绿或甲基红钠作指示剂。

一般主要测的给水及补水的碱度指的是全碱度，由于供给舰用锅炉的给水和补水不是一般的自来水，质量较好，碱度较小，因此所测碱度主要是表示水中酸式碳酸盐等杂质的含量，用 $mg \cdot L^{-1} CaO$ 表示。水样中若碱度太大，易使锅炉水起沫及形成水垢。

以甲基红钠指示剂来测定给水及补水的碱度，即用标准 H_2SO_4 滴定至水样由黄色刚变为红色时即达到终点。

三、实验设备和材料

1. 主要设备

（1）酸式滴定管 2 个。

（2）锥形瓶 2 个。

2. 主要材料

（1）浓度为 0.0358 $mol·L^{-1}$ 的标准硫酸溶液。

（2）甲基红钠指示剂。

（3）给水水样。

四、实验内容

1. 用有刻度锥形瓶取 100mL 水样，加 3 滴甲基红钠指示剂，用标准 H_2SO_4（c=0.0358 $mol·L^{-1}$）一滴一滴地滴定，至水样由黄色变为红色即到达终点，记下消耗的 H_2SO_4 的滴数 A（20 滴相当于 1mL）。

2. 计算。碱度可由式（3-1）计算。

$$碱度=(mg·L^{-1}CaO)\frac{0.0358×56×\frac{A}{20}}{0.1}=A \tag{3-1}$$

本法适合测定碱度<20mg·L^{-1}CaO 的水样。

五、实验数据记录及处理

1. 主要仪器及试剂（表 3-1）

表 3-1　主要仪器及试剂

日期_____；实验者_____；合作者_____

序号	名称	规格型号

2. 测试数据（表 3-2）

表 3-2　数据记录表

日期_____；实验者_____；合作者_____

项目	1	2	3
滴定前的读数，V（1）/mL			
滴定后的读数，V（2）/mL			
消耗标准溶液的体积，V（H_2SO_4）/mL			

3. 数据处理与测试结果、误差分析（略）

六、思考与讨论

1. 怎样测定给水及补水的碱度？
2. 什么叫碱度？碱度和碱值是不是一回事？
3. 测定碱度的基本原理是什么？

内容二　锅炉水碱值的测定

一、实验目的

1. 了解锅炉水碱值的测定原理和方法。
2. 掌握酸碱滴定操作。

二、实验原理

锅炉水中产生碱值是由于水处理时加入了磷酸三钠和氢氧化钠等试剂的结果。使得水样中含有磷酸三钠（Na_3PO_4）、氢氧化钠（$NaOH$）、碳酸钠（Na_2CO_3）、硅酸钠（Na_2SiO_3）等杂质，其中碳酸钠是由于氢氧化钠遇空气中的二氧化碳后而生成。

$$2NaOH + CO_2 =\!=\!= Na_2CO_3 + H_2O$$

因此，在锅炉水中必然会有碳酸盐、磷酸盐及氢氧化物等物质。碱值就是表示这些物质在水中含量的多少，用 $mg \cdot L^{-1}$ $NaOH$ 表示。为有效保证磷酸盐防垢处理（即使水垢变成一种松软的泥垢或水渣，易于排污处理），锅炉水的 pH 值应控制在 9～11 之间，保持一定的碱值。碱值太高易引起锅炉某些部位发生碱性脆化。

水样碱值的测定用酚酞作指示剂，以标准硫酸溶液滴定。溶液由红色变为无色时为终点。

$$OH^- + H^+ =\!=\!= H_2O$$
$$PO_4^{3-} + H^+ =\!=\!= HPO_4^{2-}$$
$$CO_3^{2-} + H^+ =\!=\!= HCO_3^-$$
$$SiO_3^{2-} + H^+ =\!=\!= HSiO_3^-$$

大家所关心的是指示剂发生颜色突变时，所加进的酸是不是正好将溶液中的碱完全中和了，酸有无过量或不足，现以 $0.1000 mol \cdot L^{-1} NaOH$ 滴定 20.00mL $0.1000 mol \cdot L^{-1}$ HCl 溶液为例，当加入 NaOH 为 19.98mL 时，pH=4.3，为 20.00mL 时，pH=7（化学计量点），为 20.02mL 时，pH=9.7，NaOH 体积相差 0.04mL，不过 1 滴，如果选择的指示剂能处在或部分地处在化学计量点附近的 pH 突跃范围内，测定误差极小。

在此用酚酞作指示剂，滴定终点时 pH 略小于 8.0。

三、实验设备和材料

1. 主要设备

（1）酸式滴定管。
（2）锥形瓶。

2. 主要材料

（1）浓度为 0.0125mol·L^{-1} 的标准硫酸溶液。

（2）0.1%酚酞指示剂。

（3）给水、锅炉水水样。

四、实验内容

1. 取 100mL 水样，加 3 滴酚酞，摇匀，水样颜色为红色。

2. 用标准 H$_2$SO$_4$ 溶液滴定水样由红色变为无色，停止滴定，记下 H$_2$SO$_4$ 消耗体积（$V_{H_2SO_4}$/mL）。
注意：取出炉水后，必须马上滴定，否则水样吸收 CO$_2$，结果偏低。$2OH^- + CO_2 \rlap{=}{=} CO_3^{2-} + H_2O$
CO_3^{2-} 会消耗 H$^+$，$CO_3^{2-} + H^+ \rlap{=}{=} HCO_3^-$。

3. 计算。碱值可由式（3-2）计算。

$$碱值(mg \cdot L^{-1}NaOH) = \frac{2 \times 0.0125 \times 40 \times V_{H_2SO_4}}{V_{水样}} = \frac{1 \times V_{H_2SO_4}}{0.1} = 10 V_{H_2SO_4} \tag{3-2}$$

式中，$V_{H_2SO_4}$ 为消耗 H$_2$SO$_4$ 体积，mL；$V_{水样}$ 为所用水样体积，L。

五、实验注意事项

水样碱值应随取随测，否则水样放置时间久了，由于二氧化碳影响将产生较大误差。
$$2OH^- + CO_2 \rlap{=}{=} CO_3^{2-} + H_2O$$
$$CO_3^{2-} + H^+ \rlap{=}{=} HCO_3^-$$

所以，测锅炉水碱值时水样一般不应过滤。若水样太浑浊妨碍测定必须过滤时，应越快越好，但所测结果偏低，过滤时间越长则误差越大。

六、实验数据记录及处理

1. 主要仪器及试剂（表3-3）

表 3-3 主要仪器及试剂

日期_____；实验者_____；合作者_____

序号	名称	规格型号

2. 测试数据（表3-4）

表 3-4 数据记录表

日期_____；实验者_____；合作者_____

项目	1	2	3
滴定前的读数，V（1）/mL			
滴定后的读数，V（2）/mL			
消耗标准溶液的体积，V（H$_2$SO$_4$）/mL			

3. 数据处理与测试结果分析（略）

七、思考与讨论

1. 什么叫碱值？怎样测定锅炉水碱值？

2. 给水和补水需不需要测碱值？为什么？

3. 1989 年 6 月 18 日北海某舰由青岛至大连执行任务，该舰 2 号炉起航前加 $Na_3PO_4·12H_2O$，然后开始航行，航行中化验碱值记录如表 3-5 所示。

表 3-5　数据记录表

日期	时间	碱值/($mg·L^{-1}$)
……	……	……
18/6	10.30	132
	12.00	128
	14.00	128
	16.30	121
18/6	20.12	118
	22.00	110
19/6	0.10	108
	6.20	100
……	……	……

这样大的碱值结果反映了什么问题？试分析说明。

内容三　给水、炉水盐度的测定

一、实验目的

1. 掌握测定给水、炉水盐度的原理。

2. 掌握银量法测定给水、炉水盐度的方法。

二、实验原理

盐度表示水中卤化物（全部用氯化物代替）的含量，水中氯化物过高，易使锅炉水起沫及造成锅炉腐蚀。盐度用 $mg·L^{-1}NaCl$ 表示，或用 $mg·L^{-1}$ Cl^- 表示。

$AgNO_3$ 与氯化物生成 $AgCl$ 沉淀，用 K_2CrO_4 作指示剂，当水样含的氯化物与全部 $AgNO_3$ 作用后，则多加入的 $AgNO_3$ 即与 K_2CrO_4 生成砖红色 Ag_2CrO_4（氯化银的溶解度为 $1.25×10^{-5}mol·L^{-1}$，小于铬酸银的溶解度 $7×10^{-5}mol·L^{-1}$），表示到达终点。

$$AgNO_3 + NaCl \longrightarrow AgCl\downarrow（白）+NaNO_3$$
$$离子式：Ag^+ + Cl^- \longrightarrow AgCl\downarrow（白）$$
$$2AgNO_3 + K_2CrO_4 \longrightarrow Ag_2CrO_4\downarrow（砖红色）+2KNO_3$$
$$离子式：2Ag^+ + CrO_4^{2-} \longrightarrow Ag_2CrO_4\downarrow（砖红色）$$

由于必须有微量 $AgNO_3$ 和 K_2CrO_4 反应后才能指示终点，所以 $AgNO_3$ 的用量要比原来的需要量略多 1～2 滴，此 1～2 滴误差可忽略不计。

Ag_2CrO_4 能溶于酸中，若水样 pH 低于 6.3 时，应先调节 pH 到中性或微碱性。若 pH > 10 时，会产生氧化银沉淀。

所以，滴定时 pH 值应控制在 7.0～8.3 范围。若化验用 Na_3PO_4 处理过的锅炉水时，必须先用酚酞指示剂测完碱值后再测盐度。

因为 Ag_2CrO_4 的溶解度随温度升高而加大。为减小测定误差，测定时温度不得高于 40℃。

本法适于测定 5～170mg·L^{-1}NaCl 的水。

三、实验设备和材料

1. 主要设备

（1）锥形瓶 2 个、滴定管及滴定台 1 套。

（2）比色管 1 套、比色计 1 台（选做用）。

（3）特制塑料滴定瓶（见图 3-1）。

2. 主要材料

（1）给水、锅炉水水样。

（2）0.0171mol·L^{-1}AgNO₃ 标准溶液：称好一定量固体 $AgNO_3$[优级纯（GR）]倒入 500mL 特制的塑料滴定瓶中（图 3-1），用水稀释至刻度，摇匀备用。此 $AgNO_3$ 溶液滴定 100mL 水样时，每消耗 1mL 即相当于水样盐度为 10mg·L^{-1} NaCl（滴定度 T=10 mg·L^{-1}NaCl）。

（3）饱和 K_2CrO_4 溶液：用分析纯 K_2CrO_4 配好置于小塑料瓶中。此饱和 K_2CrO_4 溶液 3 滴相当于 5%K_2CrO_4 溶液 1mL 中所含的 K_2CrO_4 量（K_2CrO_4 的溶解度在温度 0～40℃时变化不大）。

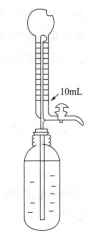

图 3-1　特制塑料滴定瓶

四、实验内容

1. 用有刻度的锥形瓶取水样 100mL（若锅炉水浑浊应过滤）。

2. 在水样中加入 K_2CrO_4 指示剂 3 滴。

3. 用标准 $AgNO_3$ 溶液滴定水样至刚出现砖红色沉淀时为止，消耗 $AgNO_3$ 溶液的体积（mL）即为水样的盐度。

五、结果计算

设盐度为 x，则可由式（3-3）计算。

$$x=10V \tag{3-3}$$

式中，x 为盐度，mg·L^{-1}NaCl；V 为滴定消耗的标准 $AgNO_3$ 溶液的体积，mL。

例如：若滴定 100mL 水样时消耗了 $AgNO_3$ 溶液 5.8mL，则此时水样盐度为 58mg·L^{-1}NaCl。

六、实验注意事项

1. 当水样浑浊时，特别是炉水，应事先过滤后才能测定。

2. 当水样盐度大于 150mg·L^{-1}NaCl 时，须按表 3-6 规定的量取样，并用蒸馏水稀释至 100mL 后测定。

表 3-6　盐度较大时规定的量取样

| 项目 | 水样中氯化物含量/mg·L⁻¹NaCl | | | |
	5~150	150~300	300~600	600~1000
取水样量/mL	100	50	25	10
结果换算系数	×1	×2	×4	×10

3. 当水样中含铁、铝大于 $3mg·L^{-1}$ 或颜色太深时，应事先用过氧化氢（H_2O_2）脱色处理（每升水加 20mL），并煮沸 10min 后过滤；如颜色仍不消失，可于 100mL 水中加 1g Na_2CO_3 蒸干，将干涸物用蒸馏水溶解后进行测定。

4. 为了便于观察终点，可另取 100 mL 水样加 3 滴 K_2CrO_4 指示剂作对照。

5. 关于指示剂用量的问题。

滴定中指示剂的浓度与观察到终点的时间有关。已知，在 25℃时：

$$K_{sp}(AgCl) = 1.56 \times 10^{-10}$$

$$K_{sp}(Ag_2CrO_4) = 1.2 \times 10^{-12}$$

在等当点时，Cl^- 和 Ag^+ 的浓度可由式（3-4）计算：

$$[Ag^+] = [Cl^-] = \sqrt{1.56 \times 10^{-10}} \tag{3-4}$$

如果此时溶液中的 CrO_4^{2-} 恰能与 Ag^+ 形成 Ag_2CrO_4 沉淀，即观察的终点恰能与等当点相符合。在 25℃时，理论上需要的 CrO_4^{2-} 离子浓度可由式（3-5）计算：

$$[CrO_4^{2-}] = \frac{K_{sp}(Ag_2CrO_4)}{[Ag^+]^2} = \frac{1.2 \times 10^{-12}}{1.56 \times 10^{-10}} = 7.7 \times 10^{-3}\ mol·L^{-1} \tag{3-5}$$

如果加入 K_2CrO_4，溶液中 CrO_4^{2-} 离子浓度大于 $7.7 \times 10^{-3} mol·L^{-1}$，则会使终点过早出现。在实际工作中，由于 K_2CrO_4 是黄色的，当浓度较高时颜色很深，会使终点的观察发生误差，因此指示剂的浓度还是低一些好。所以一般滴定溶液中所含的 CrO_4^{2-} 离子浓度为 3.0×10^{-3}，约为理论计算值的 1/2。

K_2CrO_4 的溶解度随温度变化不大，见表 3-7。因此，为了简化配制手续和缩小体积用量，将 5% 的 K_2CrO_4 指示剂体积量（mL）改为用饱和 K_2CrO_4 溶液 3~4 滴。因为，在 100mL 水样中滴 3 滴时（1mL 饱和 K_2CrO_4 溶液按 20 滴计），CrO_4^{2-} 的浓度计算公式如式（3-6）：

$$[CrO_4^{2-}] = 39\% \times 1000 \times \frac{1}{194.2} \times \frac{1}{100} \times \frac{3}{20} = 3.0 \times 10^{-3}\ mol·L^{-1} \tag{3-6}$$

式中，K_2CrO_4 的分子量为 194.2；25℃时，饱和 K_2CrO_4 溶液的质量分数为 39%（表 3-7）。

表 3-7　铬酸钾的溶解度与温度关系

温度 t/℃	0	10	20	30	40
K_2CrO_4 溶解度/%	36.4	37.9	38.6	39.5	40.1

所以采取上述改进是接近理论值的，根据实践也是可行的。

七、实验数据记录及处理

1. 主要仪器及试剂（表3-8）

表3-8　主要仪器及试剂

日期_____；实验者_____；合作者_____

序号	名称	规格型号

2. 滴定法测试数据（表3-9）

表3-9　数据记录表

日期_____；实验者_____；合作者_____

项目	1	2	3
滴定前的读数，$V(1)$ / mL			
滴定后的读数，$V(2)$ / mL			
消耗标准溶液的体积，$V(AgNO_3)$ / mL			

3. 数据处理与测试结果

八、思考与讨论

1. 什么叫盐度？用银量法测定盐度的基本原理是什么？并写出其化学反应方程式。

2. 测定锅炉水盐度时应注意什么问题？为什么？

3. 某舰在西沙执行某项任务后，于返航途中经过三亚市时（19：00左右）发现4#锅炉在运行中锅炉水质量变化异常，化验员改为每1h化验一次观察。其化验数据表格见表3-10，请分析：

（1）锅炉水质量的这种变化，说明了什么问题？可能是何处出了毛病？

（2）遇此情况后应采取何种措施以保证顺利返航？

表3-10　时间与化验数据的关系

化验时间	……	11:00	13:00	15:00	17:00	19:00	20:00	21:00	22:00	23:00	24:00
氯化物(Cl^{-1}) /mg·L^{-1}	……	154	160	175	182	210	316	385	575	761	1015

4. 在一次演习中，某舰2#炉从5月4号到5月6号的运行中盐度化验记录见表3-11。该炉在没有排污的情况下，盐度的这样变化说明发生了什么问题？将会引起什么不良后果？

表3-11　盐度化验记录

日期	时间	盐度（NaCl）/mg·L^{-1}
5月4日	17:30	15.30
	20:30	14.00
	22:30	13.50
5月5日	0:40	13.00
	4:00	12.87
	6:32	12.50
	8:00	13.00

日期	时间	盐度（NaCl）/mg·L^{-1}
5月5日	10:30	12.30
	12:00	12.00
	15:00	11.00
	17:30	11.00
	19:30	10.30
	21:30	9.50
	23:30	9.80
5月6日	4:00	9.00
	6:00	8.40

试分析锅炉水在运行时，其盐度发生这种变化的原因有哪些？

实验七　锅炉水磷酸盐值的测定

一、实验目的

1. 理解锅炉水磷酸盐值的测定原理，掌握其测定方法。
2. 学习分光光度计的使用。

二、实验原理

分光光度法是基于被测物质的分子对光具有选择性吸收的特性而建立起来的分析方法。根据 Lambert-Beer 定律，当一束光强为 I_0 的光垂直照射到厚度为 b 的液层，浓度为 c 的溶液时，由于溶液中分子对光的吸收，通过溶液后光的强度减弱为 I_1，则吸光度 A 为：

$$A = \lg \frac{I_0}{I_1} = Kbc \tag{3-7}$$

式中，K 为比例常数；b 为溶液（比色皿）厚度；c 为溶液浓度。

蒸汽动力舰艇，为了防止锅炉的结垢和腐蚀，需要在锅炉水中加入水保养剂：磷酸三钠、抗坏血酸和氢氧化钠。加入水保养剂的作用是什么呢？为了使水不生成水垢而生成松软的不黏附于受热面上的水渣，水渣悬浮于水中，可用排污方法将水渣排掉。锅炉水中磷酸根的含量不宜过大也不宜过小，浓度太小达不到防止产生钙、镁水垢的目的，还会影响锅炉水碱值，使锅炉水 pH 达不到要求；浓度过大首先会增加药品的消耗，同时会增加锅炉水及蒸汽的含盐量，含盐量高则锅炉易发生腐蚀。为了保证锅炉磷酸盐处理的防垢效果，锅炉水中应维持磷酸根浓度在 40～67 mg·L^{-1} 之间，因此需定量检测舰用锅炉水磷酸根含量。

锅炉水磷酸盐值以 mg·L^{-1} PO$_4^{3-}$（或者 mg·L^{-1}P$_2$O$_5$）表示，测定磷酸盐值可用钒黄比色法。本法基于磷酸根（PO$_4^{3-}$）在适当的酸度下（酸度为 0.56～0.88 mol/L）与偏钒酸铵、钼酸铵作用生成黄色的磷钼钒杂多酸（P$_2$O$_5$·V$_2$O$_5$·22MoO$_3$），反应如下：

$$2H_3PO_4 + 22(NH_4)_2MoO_4 + 2NH_4VO_3 + 23H_2SO_4 \Longrightarrow P_2O_5 \cdot V_2O_5 \cdot 22MoO_3 + 23(NH_4)_2SO_4 + 26H_2O$$

当磷酸盐的浓度小于 50mg·L^{-1} 时，硫酸盐的浓度与磷钼钒杂多酸的颜色浓度成正比。磷钼钒杂多酸的最大吸收波长可由紫外-可见分光光度计测得，通过分光光度计测定其吸光度，利用工作曲线查找出水样中的磷酸根的含量。

采用本法时，$SiO_3^{2-} < 5mg·L^{-1}$，$Fe^{3+} < 5mg·L^{-1}$，$Cl^- < 150mg·L^{-1}$，$Cu^{2+} < 1mg·L^{-1}$，对测定结果均无影响。本法的相对误差为 2% 左右。

三、实验设备和材料

1. 主要设备

（1）比色皿、比色管 1 套。

（2）分光光度计 1 台。

2. 主要材料

（1）给水、锅炉水水样。

（2）0.1 mg·L^{-1} PO$_4^{3-}$ 的磷酸根标准溶液。

（3）钼酸铵-偏钒酸铵-硫酸显色溶液（简称钒黄溶液）：配制 0.05mol/L 钼酸铵、0.02mol/L 偏钒酸铵和 3.6mol/L H$_2$SO$_4$ 混合溶液。

四、实验内容

1. 两只比色管，一支装 10mL 去离子水，另一支装 10mL 水样。

2. 向上述两支比色管中分别加 1mL 钒黄溶液（显色液），盖盖，摇匀。2min 后，将其转入 1cm 比色皿测定水样吸光度 A，以装 10mL 去离子水的钒黄液为参比（使其 $A=0$），先测定溶液的吸收曲线，测得溶液的最大吸收波长。再设定最大吸收波长测定吸光度。

3. 标准色阶或工作曲线的绘制。

取 0.1mg·L^{-1} PO$_4^{3-}$ 的磷酸根标准溶液 0mL、0.5mL、1.0mL、1.5mL、2.0mL、2.5mL、3.0mL、3.5mL、4.0mL、4.5mL、5.0mL，用水稀释至 10mL 分别于比色管中，分别加入 1mL 钒黄溶液，摇匀，2min 后分别测各标准溶液的吸光度 A，以 A 为纵坐标，以其相应的 PO$_4^{3-}$ 含量为横坐标，用 Origin 软件作出工作曲线，并进行拟合，得到拟合方程。

4. 将水样吸光度值代入工作曲线拟合方程，得到水样的磷酸盐值。

五、实验数据记录及处理

1. 主要仪器及试剂（表3-12）

表3-12　主要仪器及试剂

日期_____；实验者_____；合作者_____

序号	名称	规格型号

2. 测试数据

（1）吸光度的测定（表 3-13）

表 3-13　数据记录表

日期_____；实验者_____；合作者_____

项目	标准 PO_4^{3-} 溶液体积/mL											待测液
	0.0	0.5	1.0	1.5	2.0	2.5	3.0	3.5	4.0	4.5	5.0	
PO_4^{3-} 含量（$mg \cdot L^{-1}$ PO_4^{3-}）	0	5	10	15	20	25	30	35	40	45	50	
吸光度 A 测定值												
浓度值 $c/ mg \cdot L^{-1}$												

（2）工作曲线的绘制（图 3-2）

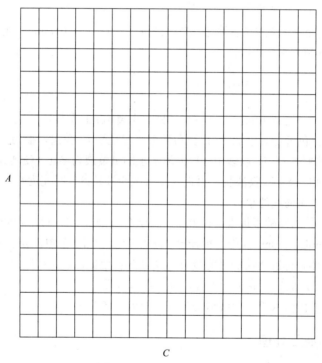

图 3-2　工作曲线空白图

3. 测试结果分析

六、实验注意事项

1. 钼酸铵-偏钒酸铵-硫酸显色液是强酸性腐蚀物质，使用时必须十分小心，不能溅在桌面或衣物上。

2. 测试时水样温度应低于 40℃。

3. 当试样水中含有 Fe^{3+} 浓度大时，可加入 2%NaF 溶液 1mL，与 Fe^{3+} 发生配位反应。

4. 分光光度计的基本操作参见实验十一内容三。

实验八　给水及补水硬度的测定

一、实验目的

1. 了解 EDTA 配位滴定法测定水中硬度的原理和方法。
2. 掌握铬黑 T 指示剂的使用条件和终点变化。

二、实验原理

硬度表示水中钙、镁离子等杂质含量的总量。水中硬度过大，容易使给水管路、经济器及锅炉内结垢。

测定硬度最常用的方法是 EDTA-2Na 法。此法以 EDTA-2Na（乙二胺四乙酸二钠）为滴定剂，用铬黑 T 为指示剂进行水硬度的测定。

铬黑 T 是一种染料，简称 EBT。棕黑色粉末，能溶于水及乙醇。分子式 $C_{20}H_{12}N_3NaO_7S$。其结构式见图 3-3。

铬黑 T 溶于水时，磺酸基上的 Na^+ 全部离解，形成 H_2In^-，它在溶液中有下列酸碱平衡：

$$H_2In^- \xrightleftharpoons{pH=6.3} HIn^{2-} \xrightleftharpoons{pH=11.55} In^{3-}$$

$$（紫红）\qquad（蓝）\qquad（橙）$$

在 pH<6 时，铬黑 T 呈现红色（H_2In^-）；在 pH>12 时，呈现橙色（In^{3-}）；在 pH=7~11 之间时呈现蓝色，在此 pH 的范围内铬黑 T 与金属离子 M（Ca^{2+}、Mg^{2+}、Zn^{2+}等）的配合物呈红色。

$$Ca^{2+} + HIn^{2-} \longrightarrow CaIn^- + H^+$$

$$蓝色\qquad 红色$$

所以，pH<6.3 和 pH>11.55 条件下，指示剂本身接近红色，不能使用。根据实验结果，使用铬黑 T 最适宜的酸度是 pH=9~10.5。因此在分析中必须加入 pH=10 的 NH_3-NH_4Cl 缓冲溶液。

在 pH=10 的条件下，滴定水样加入铬黑 T 后，水样中的 Ca^{2+}（或 Mg^{2+}等）与指示剂形成 $CaIn^-$（或 $MgIn^-$等），溶液呈现红色。随着 EDTA-2Na 的加入，游离的 Ca^{2+}、Mg^{2+}等逐步发生配位反应形成 CaY、MgY，游离的 Ca^{2+}、Mg^{2+}等定量配位化合后，继续滴加 EDTA-2Na 时，由于 EDTA-2Na 与金属离子配位化合物的条件稳定常数大于铬黑 T 与金属离子配位化合物的条件稳定常数，因此稍过量的 EDTA-2Na 将夺取 $CaIn^-$或 $MgIn^-$中的 Ca^{2+}、Mg^{2+}，使指示剂 HIn^{2-}游离出来，溶液呈现蓝色，滴定到达终点。

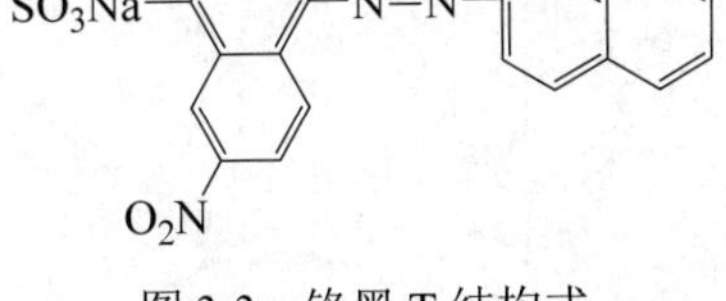

图 3-3　铬黑 T 结构式 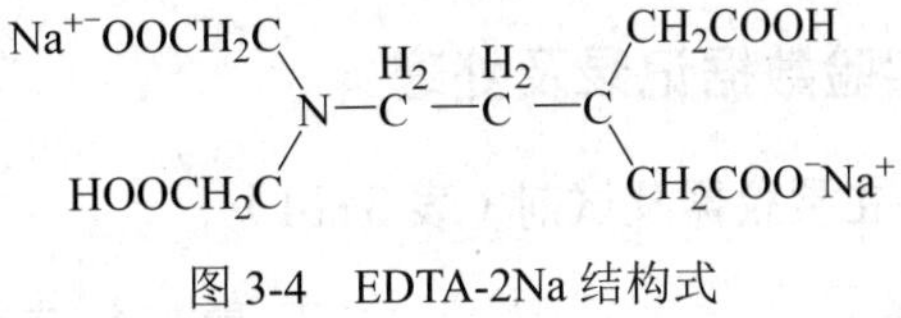　　　　图 3-4　EDTA-2Na 结构式

EDTA-2Na 的结构式见图 3-4。

EDTA-2Na 以 $Na_2H_2Y \cdot 2H_2O$ 表示。在水中电离：$Na_2H_2Y \cdot 2H_2O \longrightarrow H_2Y^{2-}+2Na^++2H_2O$，发生以下反应：

$$CaIn^- \text{（或 } MgIn^-\text{）} + H_2Y^{2-} === CaY^{2-} \text{（或 } MgY^{2-}\text{）} + HIn^{2-} + H^+$$

红色   无色   无色   蓝色

根据 EDTA-2Na 标准溶液的用量计算出钙、镁离子含量，从而计算出硬度的大小。

固体铬黑 T 性质稳定，但其水溶液只能保存几天，这是由于它在水溶液中能发生聚合、氧化反应（尤其在 pH<6.5 条件下很严重），失效而不能作指示剂。若在水溶液中加入三乙醇胺可减慢聚合速度；加入盐酸羟胺或抗坏血酸（维生素 C）可防止铬黑 T 氧化。

三、实验设备和材料

1. 主要设备
（1）滴定管 2 个。
（2）锥形瓶 2 个。

2. 主要材料
（1）0.01 mol·L^{-1}EDTA-2Na 标准溶液。
（2）2%硫化钠溶液。
（3）氨-氯化铵（NH$_3$-NH$_4$Cl）的缓冲溶液。
（4）固体铬黑 T（EBT）指示剂。
（5）给水水样。

四、实验内容

1. 取 100mL 水样，加入 5～7 滴 Na$_2$S 溶液。再加入 5mL NH$_3$-NH$_4$Cl 缓冲溶液，摇匀。

2. 然后加入约 0.1g 的 EBT 指示剂，振荡摇匀，若水样呈蓝色，说明水样硬度为零，若水样呈红色，说明水中有硬度。

3. 用 0.01 mol·L^{-1}EDTA-2Na 标准溶液滴定水样至出现蓝色，说明达到终点，记录所消耗 EDTA-2Na 的体积，用 $V_{EDTA-2Na}$ 表示。

4. 平行滴定三次。

5. 计算水样的硬度。

水样硬度计算：

$$x = 0.1 V_{EDTA-2Na} \text{（mol·L}^{-1}\text{CaO）} \tag{3-8}$$

五、实验注意事项

1. 注意控制好滴定终点。
2. 冬天测定时，应将水样预热至 30～40℃，以减少误差。

六、实验数据记录及处理

1. 主要仪器及试剂（表 3-14）

表 3-14   主要仪器及试剂

日期_____；实验者_____；合作者_____

序号	名称	规格型号

2. 测试数据（表3-15）

表3-15 数据记录表

日期＿＿＿＿＿＿；实验者＿＿＿＿＿＿；合作者＿＿＿＿＿＿

序号	1	2	3
滴定前的读数，$V(1)$ /mL			
滴定后的读数，$V(2)$ /mL			
消耗标准溶液的体积，$V_{EDTA-2Na}$ /mL			

3. 数据处理与测试结果、误差分析（略）

七、思考与讨论

1. 什么叫硬度？常见的硬度表示方法有哪几种？它们是如何相互换算的？
2. 测定硬度的基本原理是什么？
3. 测定硬度的方法如何？测定硬度时要注意哪些问题？
4. 已经加有 $Na_3PO_4·12H_2O$ 的锅炉水需不需要测定硬度？为什么？
5. 什么叫硬水？什么叫软水？什么是暂时硬水？什么是永久硬水？
6. 用 EDTA-2Na 法测定水的硬度时，往往加入三乙醇胺和 Na_2S 溶液，其目的何在？

实验九 溶解氧的测定

一、实验目的

1. 了解溶解氧的测定原理和方法。
2. 学会溶解氧采样桶的使用方法。

二、实验原理

含氧量是测定经除氧后水中的剩余氧。含氧量用 $\mu g·L^{-1}O_2$（或 10^{-9}）表示。水中含氧量高会加速锅炉及过热器等的腐蚀。

在强碱性介质中，还原型靛胭脂（黄色）可被水中溶解的氧所氧化，产生有色物质。其色泽深浅与水中溶氧量有关，因此可根据溶液颜色变化并与标准色阶相比较而测出溶解氧含量（见表3-16）。

表3-16 溶氧量与有色物质颜色的关系

溶氧量/$\mu g·L^{-1}$	0	1	10	50	70	100
有色物质颜色	黄色	橙黄色	粉红色	绛红色	绛红-淡蓝色	淡紫色

测定时，首先制得还原型靛胭脂。此物质 pH=12.5 左右时，由靛胭脂（又名靛蓝二磺酸钠）

被葡萄糖还原后而得到。当还原型靛胭脂与水中溶解氧相遇时，首先产生红色半靛醌中间产物，此中间产物遇到更多的溶氧时，还会被继续氧化成淡紫色甚至是蓝色的靛胭脂。

靛胭脂的氧化型和还原型的转化见图 3-5。

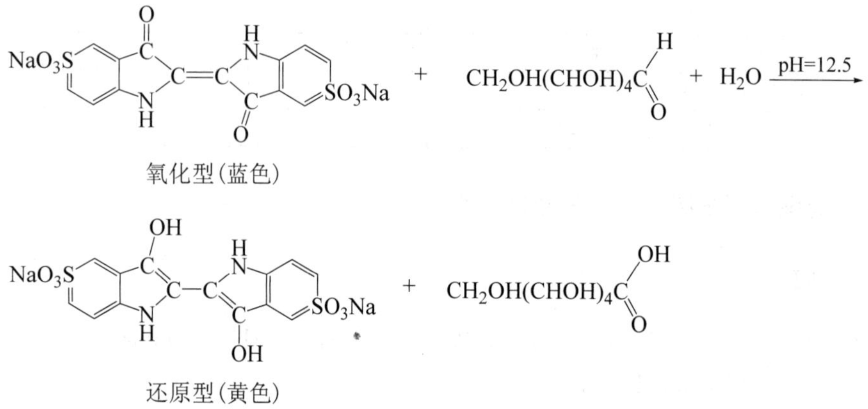

图 3-5　靛胭脂的氧化型和还原型的转化

本法适用于测试 $0 \sim 70 \mu g \cdot L^{-1} O_2$，其中以 $0 \sim 20 \mu g \cdot L^{-1} O_2$ 以及 $50 \sim 70 \mu g \cdot L^{-1} O_2$ 这两段最为灵敏。

三、实验设备和材料

1. 主要设备
（1）药勺、一次性滴管。
（2）标准色阶 1 套。
（3）溶解氧采样桶 1 套。

2. 主要材料
（1）亚硫酸钠固体。
（2）靛胭脂葡萄糖液（甲液）：现用现配。
（3）碱溶液（乙液）：$9.5 mol \cdot L^{-1} KOH$。
（4）还原型靛胭脂分析试剂：分别取适量甲液+乙液+水进行共混，在 20℃恒温 2h，至变为柠檬黄色，该液于棕色滴定管内，上端石蜡油封，保持两天有效。

四、实验内容

1. 往具塞磨口锥形瓶中装少许亚硫酸钠固体，放入小铁桶内，加入自来水水样，软管伸入锥形瓶底部，让水样慢慢流入锥形瓶内装满，至水面超过锥形瓶 5～10mm 为止，盖好塞子。

2. 20min 后迅速取 1mL 溶解氧分析试剂，用一次性滴管管尖插入。立刻移出滴管，迅速盖上塞子，拿出锥形瓶，擦干。

3. 和标准色阶对比，确定溶解氧范围。

4. 平行测三次。

五、实验注意事项

1. 还原型靛胭脂分析试剂一般要求隔夜配好，待溶液全部变成浅黄色后，才能使用，否则测得结果将大大偏高。同时，这种试剂还要求存放在暗冷处，以免变质。

2. 还原型靛胭脂在水样中碱性很大，应尽量避免同皮肤、衣物接触，以免受到浸蚀。

3. 采用碱性靛胭脂法测定溶氧时，测定的温度不得高于 35℃。

六、思考与讨论

1. 采用碱性靛胭脂法测溶氧含量时，化学原理是什么？用化学方程式表示出来。

2. 在测定溶解氧的操作过程中，应注意哪些事项？

3. 根据你实际测定溶解氧的工作经验，当除氧器操作正常（表压为 0.2～0.25MPa，温度为 104～105℃）时，测得溶解氧的含量在什么范围？操作不正常时，测得溶解氧的含量又在什么范围？请总结一下这中间有没有什么规律？

第四章 >>> 高分子材料综合实验

实验十　高分子材料的合成

内容一　甲基丙烯酸甲酯的本体聚合及成形

一、实验目的

1. 了解本体聚合的基本原理。
2. 熟悉型材有机玻璃的制备方法。

二、实验原理

聚甲基丙烯酸甲酯具有优良的光学性能、密度小、力学性能好、耐候性好。在航空、光学仪器、电器工业、日用品等方面又有广泛的用途。为保证光学性能，聚甲基丙烯酸甲酯多采用本体聚合法合成。

甲基丙烯酸甲酯的本体聚合是按自由基聚合反应历程进行的，其活性中心为自由基。反应包括链的引发、链增长和链终止，当体系中含有链转移剂时，还可发生链转移反应。

本体聚合是不加其他介质，只有单体本身在引发剂或催化剂、热、光作用下进行的聚合，又称块状聚合。本体聚合合成工序简单，可直接形成制品且产品纯度高。本体聚合的不足是随聚合的进行，转化率提高，体系黏度增大，聚合热难以散出，同时长链自由基末端被包裹，扩散困难，自由基双基终止速率大大降低，致使聚合速率急剧增大而出现自动加速现象，短时间内产生更多的热量，从而引起分子量分布不均，影响产品性能，更为严重的则引起爆聚。因此，甲基丙烯酸甲酯的本体聚合一般采用三段法聚合，而且反应速率的测定只能在低转化率下完成。

三、实验设备和材料

1. 主要设备

250mL 锥形瓶、温度计、10mL 和 50mL 量筒、模具、烘箱、分析天平、恒温水浴锅。

2. 主要材料

甲基丙烯酸甲酯（MMA）、偶氮二异丁腈、邻苯二甲酸二丁酯、硬脂酸。

四、实验内容

1. 模具制备

清洗回收的废旧口服液瓶或注射瓶，并烘干备用。

2. 预聚

取精制的 MMA30mL 放入锥形瓶中，加入引发剂偶氮二异丁腈 0.1g，增塑剂邻苯二甲酸二丁酯 2mL（若用试管作反应器，为防止水汽进入试管内，可在管口包上一层玻璃纸，再用橡胶圈扎紧）。将套有温度计的套管封住锥形瓶口，将温度计水银球插入反应液内，用试管夹夹住锥形瓶放入 80～90℃水浴加热，至瓶内预聚物黏度与甘油相近时立即停止加热并用冷水使预聚物冷却至室温。

3. 灌模

将预聚物浆料沿模具瓶口小心灌装，注意不要灌装太满，然后用玻璃纸封包瓶口，再用橡胶圈扎紧以防水汽进入。

4. 低温聚合反应

灌模以后，放入恒温水浴锅中，初始温度 40℃，恒温 1～2h，再升温到 50℃，恒温 1～2h；升温至 60℃，恒温 1h，待聚合物变硬后，继续升温至 90℃，恒温 0.5h，然后取出自然冷却。

5. 高温聚合

将所得到的有机玻璃置于 120℃烘箱内处理 0.5h，取出观察现象。

五、实验注意事项

1. 实验过程中所使用 MMA 需要精制。
2. 合成有机玻璃中预聚和低温聚合过程中温度要控制好。

六、思考与讨论

在合成有机玻璃时，采用预聚制浆的目的是什么？

内容二　双酚 A 型环氧树脂的制备

一、实验目的

1. 学习环氧树脂的实验室制备方法，掌握环氧值的测定。
2. 了解环氧树脂的性能和使用方法。

二、实验原理

环氧树脂为含有环氧基团的聚合物，它的种类很多，但是以双酚 A 型环氧树脂的产量最大，用途最为广泛，有通用环氧树脂之称。双酚 A 型环氧树脂是由环氧氯丙烷与 2,2-二酚基丙烷（双酚 A）在氢氧化钠作用下聚合而得的。

$$CH_2Cl + HO-\!\!\left\langle\!\!\bigcirc\!\!\right\rangle\!\!-\overset{\overset{CH_3}{|}}{\underset{\underset{CH_3}{|}}{C}}\!\!-\!\!\left\langle\!\!\bigcirc\!\!\right\rangle\!\!-OH \xrightarrow{\text{NaOH}}$$

原料配比不同、反应条件不同（如反应介质、温度和加料顺序），可制得不同软化点、不同分子量的环氧树脂。工业上将软化点低于 50℃（平均聚合度小于 2）的环氧树脂生成物称为低分子量树脂或软树脂；软化点在 50～95℃之间（平均聚合度在 2～5 之间）的称为中等分子量树脂；软化点高于 100℃（平均聚合度大于 5）的称为高分子量树脂。

环氧树脂在没有固化前为热塑性的线型结构，强度低，使用时必须加入固化剂。固化剂与环氧基团反应，从而形成交联的网状结构，成为不溶不熔的热固性制品，具有良好的力学性能和尺寸稳定性。环氧树脂的固化剂种类很多，不同的固化剂，相应的交联反应也不同。乙二胺为室温固化剂，其固化机理如下：

乙二胺的用量计算公式为：

$$G = \frac{M}{H_n} \times E = 15E \tag{4-1}$$

式中，G 为每 100g 环氧树脂所需的乙二胺的质量，g；M 为乙二胺的分子量；H_n 为乙二胺的活泼氢的总数；E 为环氧树脂的环氧值。固化剂的实际使用量一般为计算值的 1.1 倍。

作为固化剂的胺还有：二亚基三胺（$f=5$），三亚基四胺（$f=6$），4,4'-二氨基二苯基甲烷（$f=4$）和多元胺的酰胺（由二亚基三胺与脂肪酸生成的酰胺）。除了胺外，多元硫醇、氰基胍、二异氰酸酯、邻苯二甲酸酐和酚醛预聚合物等也可以作为固化剂。三级胺常作固化反应的促进剂，以提高固化速率。大多数环氧树脂配方中，都要加入稀释剂、填料或增强材料及增韧剂。稀释剂可以是反应性的单或双环氧化合物，也可以是非反应性的邻苯二甲酸二正丁酯；增韧剂可用低分子量的聚酯、含端羧基的丁二烯-丙烯腈共聚物和刚性微球等。

环氧树脂中含有羟基、醚键和极为活泼的环氧基团，这些高极性的基团，使环氧树脂与相邻材料的界面形成化学键，因此环氧树脂具有很强的黏合力。环氧树脂的抗化学腐蚀性、力学和电性能都很好，对许多不同的材料具有突出的黏合力。它的使用范围为 90～130℃。可以通过单体、添加剂和固化剂等的选择组合，生产出适合各种需求的产品。环氧树脂的应用可大致分为涂覆和结构材料两大类。涂覆材料包括各种涂料，如汽车、仪器设备的底漆等。水性环氧树脂涂料用于啤酒和饮料罐的涂覆。结构复合材料主要用于导弹外套、飞机的舵及折翼，油、气和化学品输送管道等。层压制品用于电气和电子工业，如线路板基材和半导体器件的封装材料。此外，它还是用途广泛的黏合剂，有"万能胶"之称。

三、实验设备和材料

1. 主要设备

三颈烧瓶，滴液漏斗，分液漏斗，冷凝管，搅拌器，减压蒸馏装置。

2. 主要材料

环氧氯丙烷，双酚 A，氢氧化钠，乙二胺，丙酮，盐酸，苯，乙醇。

四、实验内容

1. 环氧树脂的制备

向装有搅拌器、回流冷凝管和温度计的三颈烧瓶中加入 27.8g 环氧氯丙烷（0.1mol）和 22.8g 双酚 A（0.1mol）。水浴加热到 75℃，开动搅拌，使双酚 A 全部溶解。取 8g 氢氧化钠溶于 20mL 蒸馏水中，溶液加入滴液漏斗中，自滴液漏斗中缓慢加入氢氧化钠溶液（滴液漏斗与回流冷凝管相接），保持温度在 70℃左右，约 0.5h 滴加完毕。在 70～80℃分别继续反应 0.5h、1.0h、1.5h、2.0h、2.5h，此时液体呈乳黄色。停止反应，冷却至室温，向反应瓶中加入蒸馏水 30mL 和苯 60mL，充分搅拌后用分液漏斗静置并分离出水分，再用蒸馏水洗涤数次，直至水相为中性且无氯离子。将分出的有机层通过常压蒸馏除去大部分的苯，然后减压蒸馏除去剩余溶剂、水和未反应的环氧氯丙烷。得到淡黄色黏稠的环氧树脂。

2. 环氧树脂固化实验

（1）在 50mL 塑料烧杯中，称取 4g 环氧树脂，加入乙二胺 0.3g，用玻璃棒调和均匀。取两块洁净的玻璃片，将少量环氧树脂薄而均匀地敷于表面，对接合拢，并用夹具固定，室温放置待其固化，观察其黏结效果。

本实验以环氧氯丙烷与双酚 A 作为原料制备环氧树脂，并定性测试它的黏合性能。

（2）在 50mL 塑料烧杯中，称取环氧树脂 20g，加入一定量的固化剂，搅拌均匀后，倒入测量拉伸强度的模具中，固化成形。

3. 环氧值的测定

环氧值为每 100g 环氧树脂中环氧基团物质的量（mol）。对于分子量小于 1500 的环氧树脂，其环氧值可由盐酸-丙酮法测定（分子量高的用盐酸-吡啶法）。

（1）测定方法　环氧值是环氧树脂质量的重要指标之一，也是计算固化剂用量的依据。分子量愈高，环氧值就相应降低，一般低分子量环氧树脂的环氧值在 0.48～0.57 之间。

分子量小于 1500 的环氧树脂，其环氧值测定用盐酸-丙酮法，反应式为：

$$\overset{O}{\overset{\diagup \diagdown}{\sim\sim CH-CH_2}} + HCl \xrightarrow{\text{丙酮}} \overset{OH}{\underset{|}{\sim\sim CH}}-CH_2-Cl$$

过量的 HCl 用标准 $NaOH\text{-}C_2H_5OH$ 溶液回滴。

取锥形瓶两只，在分析天平上各称取 1g 左右（精确到 1mg）环氧树脂。用移液管加入 25mL 盐酸-丙酮溶液，加盖摇动使树脂完全溶解。放置阴凉处 1h，加酚酞指示剂三滴，用 NaOH 溶液滴定，同时按上述条件做空白滴定两次。

环氧值[指每 100g 树脂所含的环氧基的量（mol）]E 按式（4-2）计算：

$$E = \frac{(V_1-V_2)N}{1000W} \times 100 = \frac{(V_1-V_2)N}{10W} \tag{4-2}$$

式中，V_1 为空白滴定所消耗的 NaOH 溶液，mL；V_2 为样品测试所消耗的 NaOH 溶液，mL；N 为 NaOH 溶液的体积摩尔浓度，mol/L；W 为树脂质量，g。

（2）关键步骤及计算方法

① 开始滴加要慢些，环氧氯丙烷开环是放热反应，反应液温度会自动升高。

② 分液漏斗使用前应检查盖子和塞子是否为原配，活塞要涂上凡士林，使用时振摇几下后须放气。

③ 描述环氧树脂所含环氧基的多少，除了用环氧值表示外，还可用环氧基百分含量或环氧树脂摩尔质量表示。

环氧基百分含量：每 100g 树脂中含有环氧基的质量（g）。

环氧树脂摩尔质量：相当于每摩尔环氧基的环氧树脂质量（g）。

三者之间有如下互换关系：

$$环氧值 = \frac{环氧基百分含量}{环氧基分子量} = \frac{100}{环氧树脂摩尔质量} \qquad (4\text{-}3)$$

④ 盐酸-丙酮溶液：将 2mL 浓盐酸溶于 80mL 丙酮中，均匀混合即成（现配现用）。

NaOH 溶液：将 1g NaOH 溶于 250mL C_2H_5OH 中，用标准邻苯二甲酸氢钾溶液标定，酚酞作指示剂。

邻苯二甲酸氢钾溶液：称取 0.2g 标准邻苯二甲酸氢钾溶液溶于蒸馏水中。

五、实验注意事项

1. 实验过程中冷凝回流注意防止烫伤。
2. 实验过程在通风橱中完成，溶剂苯有毒。
3. 环氧树脂的制备过程中，一定要用去离子水洗涤至没有氯离子。

六、思考与讨论

1. 环氧树脂合成用什么催化剂？
2. 催化剂加入的快慢对环氧树脂合成有无影响？

实验十一　高分子材料的结构表征

内容一　黏度法测定聚乙烯醇的分子量

一、实验目的

1. 掌握乌氏黏度计测定高分子溶液分子量的原理。
2. 学会使用黏度法测定聚乙烯醇的特性黏度。
3. 通过特性黏度计算聚乙烯醇的分子量。

二、实验原理

高聚物摩尔质量对它的性能影响很大，是个重要的基本参数。由于高聚物每个分子的聚合度不一定相同，因此一般高聚物是摩尔质量大小不同的大分子混合物，通常所测高聚物摩尔质量是一个统计平均值。

测定高聚物摩尔质量的方法很多，测定的方法不同，所得的平均摩尔质量也有所不同。黏度法是常用的测定高聚物摩尔质量的方法之一，用黏度法所得的摩尔质量称为黏均摩尔质量。

液体在流动过程中，必须克服内摩擦阻力而做功。其所受阻力的大小可用黏度系数 η（简称黏度）来表示（$kg \cdot m^{-1} \cdot s^{-1}$）。高聚物溶液的黏度 η 一般要比纯溶剂的黏度 η_0 大得多，原因在于其分子链长度远大于溶剂分子，加上溶剂化作用，使其在流动时受到较大的内摩擦阻力。在相同温度下，溶液黏度增加的分数称为增比黏度 η_{sp}，计算如式（4-4）：

$$\eta_{sp} = \frac{\eta - \eta_0}{\eta_0} = \eta_r - 1 \tag{4-4}$$

式中，η_r 为相对黏度，是溶液黏度与纯溶剂黏度的比值，即

$$\eta_r = \frac{\eta}{\eta_0} \tag{4-5}$$

高聚物溶液的增比黏度 η_{sp} 随质量浓度 C 的增加而增加。为了便于比较，将单位浓度的增比黏度 η_{sp}/C 定为比浓黏度，而 $\ln\eta_r/c$ 则称为比浓对数黏度。

当溶液无限稀释，浓度 c 趋于零时，高聚物分子彼此相隔甚远，它们的相互作用可忽略，此时有比浓黏度的极限值 $[\eta]$，$[\eta]$ 称为特性黏度，即：

$$\lim_{c \to 0} \frac{\eta_{sp}}{c} = \lim_{c \to 0} \frac{\ln\eta_r}{c} = [\eta] \tag{4-6}$$

特性黏度 $[\eta]$ 反映的是无限稀释溶液中高聚物分子与溶剂分子间的内摩擦，其值取决于溶剂的性质及高聚物分子的大小和形态，表明 $[\eta]$ 与高聚物摩尔质量有关。由于 η_r 和 η_{sp} 均是无量纲量，所以 $[\eta]$ 的单位是质量浓度 c 单位的倒数。

在高聚物溶液很稀时，η_{sp}/c 与 c 和 $\ln\eta_r/c$ 与 c 分别符合下述经验关系式：

$$\frac{\eta_{sp}}{c} = [\eta] + \kappa[\eta]^2 c \tag{4-7}$$

$$\frac{\ln\eta_r}{c} = [\eta] - \beta[\eta]^2 c \tag{4-8}$$

式（4-7）和式（4-8）两式中 κ 和 β 分别称为 Huggins 和 Kramer 常数。这是两线性方程，以 η_{sp}/c 对 c 或 $\ln\eta_r/c$ 对 c 作图，外推至 $c=0$ 时所得截距即为 $[\eta]$。显然，对于同一高聚物，由两线性方程作图外推所得截距交于同一点，如图 4-1 所示。在一定温度和溶剂条件下，高聚物溶液的特性黏度 $[\eta]$ 与高聚物摩尔质量之间的关系，通常用带有两个参数的 Mark-Houwink 经验方程式来表示：

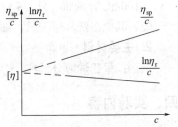

图 4-1　η_{sp}/c 对 c 和 $\ln\eta_r/c$ 对 c 作图

$$[\eta] = K\overline{M}_\eta^\alpha \tag{4-9}$$

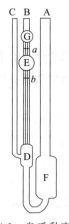

图 4-2 乌氏黏度计

A~C—支管；D~G—球体；
a,b—刻度线

式中，$\overline{M_\eta}$ 是黏均摩尔质量；K、α 是与温度、溶剂及高聚物本性有关的常数，只能通过一些绝对实验方法（如膜渗透压法、光散射法等）确定。

本实验是在 30℃ 下，以蒸馏水为溶剂，测定聚乙烯醇的平均摩尔质量，在此条件下，$K=6.66\times10^{-2}$，$\alpha=0.64$（25℃ 时 $K=2\times10^{-2}$，$\alpha=0.76$）。因此测出了聚乙烯醇水溶液的特性黏度 $[\eta]$，就可以计算出聚乙烯醇的平均摩尔质量。

本实验采用毛细管法测定黏度，通过测定一定体积的液体流经毛细管所需时间而获得溶液的黏度。本实验使用的乌氏黏度计如图 4-2 所示。乌氏黏度计的最大优点是溶液的体积对测定没有影响，因此可以在黏度计内用逐渐稀释的方法，得到不同浓度溶液的黏度。

当液体在重力作用下流经毛细管时，其遵守 Poiseuille 定律：

$$\eta = \frac{\pi r^4 pt}{8lV} = \frac{\pi r^4 h\rho gt}{8lV} \qquad (4-10)$$

式中，η 为液体的黏度，$kg\cdot m^{-1}\cdot s^{-1}$；$r$ 为毛细管半径，m；p 为当液体流动时在毛细管两端间的压力差（即是液体密度 ρ，重力加速度 g 和流经毛细管液体的平均液柱高度 h 这三者的乘积），$kg\cdot m^{-1}\cdot s^{-2}$；$t$ 为 V 体积液体的流出时间，s；l 为毛细管的长度，m；V 为流经毛细管的液体体积，m^3。

用同一黏度计，$\dfrac{\pi r^4 gh}{8lV} = A$，为一常数，则：

$$\eta = A\rho t \qquad (4-11)$$

溶液很稀时，溶液的密度与溶剂的密度可近似地看作相同，则有：

$$\eta_r = \frac{\eta}{\eta_0} = \frac{t}{t_0} \qquad (4-12)$$

这样通过测定溶液和溶剂在毛细管中的流出时间 t 和 t_0 就可得到 η_r，可算出 η_{sp}。

三、实验设备和材料

1. 主要设备

（1）仪器：恒温槽一套，乌氏黏度计一支，5mL 移液管一支，10mL 移液管两支，秒表（0.1s）一只。100mL 容量瓶一只，3 号玻璃砂芯漏斗一只，100mL 具塞锥形瓶一只。

（2）其他：洗耳球一只，细乳胶管两根，弹簧夹一个，恒温槽夹三个。

2. 主要材料

试剂：聚乙烯醇分析纯。

四、实验内容

1. 溶液配制：准确称取聚乙烯醇 0.7g（称准至 0.001g）于 100mL 具塞锥形瓶中，加入约 60mL 蒸馏水溶解（可在水浴中加热数小时，待其颗粒膨胀后，放在电磁搅拌器上加热溶解），然后小心转移至 100mL 容量瓶中，滴几滴正丁醇（消泡剂），加蒸馏水稀释至刻度。用 3 号玻璃砂芯漏斗过滤（可由实验室准备）。

2. 调节恒温水槽至30℃。在干燥的乌氏黏度计 B 管和 C 管上各套一段乳胶管，然后将黏度计垂直夹在恒温槽内，要使黏度计尽量进入水中且能方便观察 E 球上下的 a、b 刻度线，检查并调整黏度计至垂直位置固定。

3. 测定溶液流经毛细管时间 t：用移液管吸取 8mL 聚乙烯醇水溶液，自 A 管注入黏度计内，恒温约 10min。夹紧 C 管上的乳胶管，使其不漏气。在 B 管的乳胶管上用洗耳球慢慢抽气，将液体吸至 G 球的 1/2 处，放开洗耳球，立即打开 C 管乳胶管上的夹子。此时 B、C 两管均通大气，G 球中的液面逐渐下降，当液面通过刻度 a 时，按下秒表，开始记录时间，当液面通过刻度 b 时，再按下秒表，记录液面由 a 至 b 所需时间 t_1。重复测定 3 次，每次相差不超过 0.3s，取平均值。然后再用移液管依次加入 4mL、4mL、4mL、8mL 蒸馏水，每次加入蒸馏水后，用洗耳球将溶液慢慢地抽上流下数次使之混合均匀，得溶液浓度为 c_2、c_3、c_4、c_5，逐一测定溶液流经毛细管的时间 t_2、t_3、t_4、t_5。

4. 测定溶剂流经毛细管时间 t_0：取出黏度计，倒出溶液，用蒸馏水仔细清洗黏度计，尤其要注意清洗毛细管部分。将黏度计放回恒温水槽中，自 A 管注入蒸馏水，恒温约 10min，用上法测得溶剂流经毛细管时间 t_0。

5. 实验结束，收拾仪器清洗仪器。

五、实验数据记录及处理

1. 按表记录并计算各种数据。
2. 以 $\ln\eta_r/c$ 及 η_{sp}/c 分别对 c 作图，作线性外推至 $c\to0$ 求 $[\eta]$。
3. 取常数 κ、α 值，计算出聚乙烯醇的黏均摩尔质量。

六、实验注意事项

1. 聚乙烯醇溶液易产生泡沫，如在 G 球至 E 球间及毛细管中有气泡时，直接影响流经毛细管时间的测定，此时可加入几滴正丁醇消除泡沫。并在测溶剂蒸馏水时加入同样多的正丁醇。
2. F 球中的液面不应高过 D 球与 C 管的连通处，否则影响测定结果。

七、思考与讨论

1. 乌氏黏度计有什么优点？
2. 为什么可用 η 来计算高聚物的分子量？它和纯溶剂的黏度有何区别？

内容二　有机物红外光谱分析

一、实验目的

1. 了解红外光谱仪的基本结构、测试原理与重要部件的功能。
2. 了解红外光谱仪的分析对象、应用与检测范围。
3. 学会红外光谱仪使用方法和定性、定量测试方法。

二、实验原理

1. 红外吸收光谱基本原理

红外光是波长范围为 0.75~1000 μm 的电磁波,可引起分子中基团的振动和转动能级跃迁,产生红外吸收光谱,也称分子振动-转动光谱。

2. 产生红外吸收的条件

(1) 红外光应具有能满足物质产生振动跃迁所需的能量;

(2) 红外光与物质间有相互偶合作用——分子振动时,必须伴有瞬时偶极矩的变化,即分子显示红外活性。同核双原子分子是非红外活性的,如:N_2、O_2、Cl_2;$O\!=\!C\!=\!O$ 对称伸缩振动也是非红外活性的。图4-3是偶极子与交变电场的作用示意图。

可按波长将红外光谱分为近红外、中红外和远红外三个波区,中红外区对应分子振动基态到第一激发态的跃迁,可伴随转动能级的跃迁,是最为常用的红外光谱区(表4-1)。

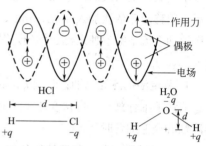

图4-3 偶极子与交变电场的作用示意图

表4-1 红外光谱的三个波区和能级跃迁类

区域	$\lambda/\mu m$	v/cm^{-1}	能级跃迁类型
近红外区(泛频区)	0.75~2.5	13158~4000	OH,NH 及 CH 键的倍频吸收
中红外区(基本振动区)	2.5~15	4000~650	分子振动,伴随转动
远红外区(转动区)	15~1000	650~10	分子转动

3. 红外光谱图

当一束连续变化的各种波长 λ 的红外光照射样品时,其中一部分被吸收,吸收的这部分光能就转变为分子的振动能量和转动能量;另一部分光透过,若将其透过的光用单色器进行色散,就可以得到一带暗条的谱带。若以波长或波数为横坐标,以百分吸收率为纵坐标,把这谱带记录下来,就得到了该样品的红外吸收光谱图(图4-4),获得红外振动信息。

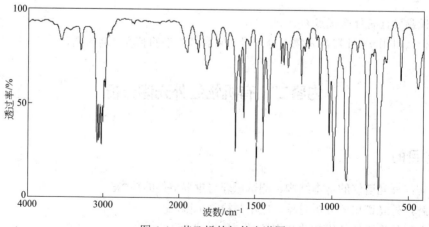

图4-4 苯乙烯的红外光谱图

红外光谱图的主要参量有以下几个。

（1）峰位　化学键的力常数 k 越大，原子折合质量 μ 越小，键的振动频率 ν 越大，吸收峰将出现在高波数区（短波长区）；反之，出现在低波数区（高波长区）。

（2）峰强　瞬间偶基距变化大，吸收峰强；键两端原子电负性相差越大（极性越大），吸收峰越强。

（3）峰形　键两端原子电负性相差大的伸缩振动吸收峰形较宽，如 O—H、N—H 等氢键的伸缩振动峰宽，C═O 伸缩振动具有中等宽度，而 C—C 振动峰形较窄。

峰位、峰强和峰形是确定分子结构的重要信息。

4. 红外光谱仪的基本结构

（1）色散型红外吸收光谱仪　色散型红外吸收光谱仪是频率域光谱仪，具有结构简单的优点，但它存在采谱速度慢、灵敏度低、波数分辨率低等缺陷。

（2）傅里叶变换红外（FTIR）光谱仪　由于傅里叶变换红外吸收光谱仪可以在任何测定时间内获得辐射源所有频率的所有信息，同时也消除了色散型光栅仪器的狭缝对光谱通带的限制，使光能的利用率大大提高，因此具有许多优点。图 4-5 为傅里叶变换红外光谱仪结构框图。

测定时间短：在不到一秒钟的时间内可以得到一张谱图，比色散型光栅仪器快数百倍。

分辨率高：波数精度达到 $0.01cm^{-1}$。

测定精度高：重复性可达 0.1%。

杂散光小：小于 0.01%。

灵敏度高：在短时间内可以进行多次扫描，多次测定得到的信号进行累加，噪声可以降低，灵敏度可以增大，$10^{-9} \sim 10^{-12}g$。

测定光谱范围宽：$10000 \sim 10cm^{-1}$，$1 \sim 1000\mu m$。

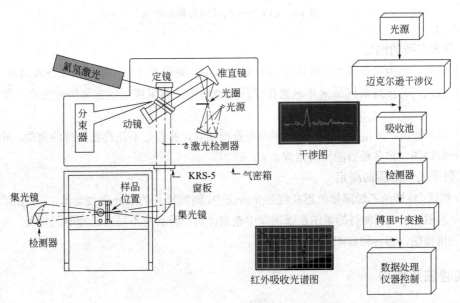

图 4-5　傅里叶变换红外光谱仪结构框图

三、实验设备和材料

1. 主要设备

红外光谱仪、压片机、模具、干燥器、玛瑙研钵、药匙、镊子、红外灯。

2. 主要材料

苯甲酸粉末，乙醇、光谱纯 KBr 粉末，脱脂棉。

四、实验内容

1. 空气中 CO_2 的测定

（1）实验步骤：不放样品的情况下测试空气中的红外吸收谱图，在不扣除背景的情况下在纳米（nm）级下可以看到 CO_2 的红外吸收谱图，在分辨率为 $4cm^{-1}$ 和 $1cm^{-1}$ 两种情况下分别测试。

（2）分析两种分辨率下的谱图的异同。观察 CO_2 的红外吸收精细结构，如图4-6所示。

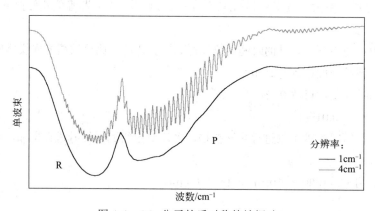

图4-6　CO_2 分子的反对称伸缩振动

2. 邻苯二酚的测定

（1）压片：将少量邻苯二酚固体加入 KBr 粉末中，碾碎并拌匀，用压片机压成薄片。

（2）测试：将压好的样品薄片放置在红外光谱仪中，测定样品的红外吸收光谱，需要扣除背景。

（3）谱图解析：将测得的谱图在谱图库中查询比对，看看是不是自己测得的物质，并记录匹配度；分析谱图，将各种官能团指出来。

3. 聚苯乙烯薄膜的测定

（1）测试：将聚苯乙烯薄膜放置在红外光谱仪中，测定样品的红外吸收光谱，需要扣除背景。

（2）谱图解析：将测得的谱图在谱图库中查询比对，看看是不是自己测得的物质，并记录匹配度；分析谱图，将各种官能团指出来。

五、实验注意事项

1. 尽可能避免来自大气中水和 CO_2 的吸收；
2. 固体样品要研磨至小于红外光最小波长（<2μm）。

六、思考与讨论

1. 色散型红外吸收光谱仪和傅里叶变换红外（FTIR）光谱仪有什么区别？
2. 红外光谱仪测定的基本原理是什么？

内容三　紫外-可见分光光度法测定高分子化合物的组成

一、实验目的

1. 了解紫外-可见分光光度计的基本结构、测试原理与重要部件的功能。
2. 了解紫外-可见光谱在高聚物工业中的应用。
3. 掌握紫外-可见分光光度计测定高聚物组成的方法。

二、实验原理

分光光度法分析的原理是利用物质对不同波长光的选择吸收现象来进行物质的定性和定量分析，通过对吸收光谱的分析，判断物质的结构及化学组成。

紫外-可见分光光度法是根据物质分子对波长为 200～760nm 这一范围的电磁波的吸收特性所建立起来的一种定性、定量和结构分析方法。操作简单、准确度高、重现性好。波长长的光线能量小，波长短的光线能量大。分光光度测定是关于物质分子对不同波长和特定波长处的辐射吸收程度的测定。

描述物质分子对辐射吸收的程度随波长而变的函数关系曲线，称为吸收光谱或吸收曲线。紫外-可见吸收光谱通常由一个或几个宽吸收谱带组成。最大吸收波长（λ_{max}）表示物质对辐射的特征吸收或选择吸收，它与分子中外层电子或价电子的结构（或成键、非键和反键电子）有关。朗伯-比耳定律是分光光度法和比色法的基础。

朗伯-比耳定律（Lambert-Beer）是光吸收的基本定律，俗称光吸收定律，是分光光度法定量分析的依据和基础。当入射光波长一定时，溶液的吸光度 A 是吸光物质的浓度 c 及吸收介质厚度 b（吸收光程）的函数。朗伯和比耳分别于 1760 年和 1852 年研究了这三者的定量关系。

$$A=Kbc \tag{4-13}$$

式中，K 为吸光系数，$L \cdot mol^{-1} \cdot cm^{-1}$。

根据吸收定律的加和性，多组分混合物或聚合物的吸光度等于各单独组分吸光度之和。

$$A = A_1 + A_2 + A_3 + \cdots\cdots A_n \tag{4-14}$$

已知聚苯乙烯和聚甲基丙烯酸甲酯在 265nm 波长均有吸收，但吸收强度差别很大，聚苯乙烯吸收得多，吸光系数 ε_1 大，聚甲基丙烯酸甲酯吸收少，吸光系数 ε_2 小。

将一组不同配比的聚苯乙烯和聚甲基丙烯酸甲酯的混合物溶于三氯甲烷，制成一定浓度的三氯甲烷溶液，用紫外-可见分光光度计测定 265nm 处的吸光度，则：

$$A = \varepsilon_1 b c_1 + \varepsilon_2 b c_2 \tag{4-15}$$

式中，c_1 表示聚苯乙烯的浓度；c_2 表示聚甲基丙烯酸甲酯的浓度；ε_1 表示聚苯乙烯的吸光系数；ε_2 表示聚甲基丙烯酸甲酯的吸光系数。

将式（4-15）整理得到：

$$A = \varepsilon_1 bc_1 + \varepsilon_2 bc_2 = (c_1 + c_2)b\varepsilon_2 + (c_1 + c_2)b(\varepsilon_1 - \varepsilon_2)\frac{c_1}{c_1 + c_2} \tag{4-16}$$

令 $c = c_1 + c_2$，$w_1 = \dfrac{c_1}{c_1 + c_2}$，则：

$$A = \varepsilon_2 bc + (\varepsilon_1 - \varepsilon_2)cbw_1 = d + ew_1 \tag{4-17}$$

式中，d 和 e 为常数。将一组 A 对 w_1 作图得一标准工作曲线。

今假设在共聚体中式（4-17）关系同样成立，测出共聚物的三氯甲烷溶液在 265nm 处的吸光度，对照标准工作曲线即可求出共聚物的组成。

三、实验设备和材料

1. 主要设备

UV-6000 型紫外-可见分光光度计及联机处理系统、电子交流稳压器、25 mL 容量瓶、10mL 容量瓶。

2. 主要材料

聚苯乙烯、聚甲基丙烯酸甲酯、苯乙烯-甲基丙烯酸甲酯共聚物、三氯甲烷。

四、实验内容

1. 仪器使用

分光光度法所采用的仪器是分光光度计。按其光学系统可分为单光束和双光束分光光度计、单波长和双波长分光光度计，其中最常用的是双光束分光光度计，它由辐射源、分光器、吸收池、检测器和记录器等组成。图 4-7 所示为 UV-6000 系列紫外-可见分光光度计。

（1）紫外-可见分光光度计的使用　UV-6000 系列紫外-可见分光光度计的操作面板见图 4-8。

图 4-7　UV-6000 系列紫外-可见分光光度计　　图 4-8　UV-6000 系列紫外-可见分光光度计的操作面板

按键描述

【LOAD】文件调用键。　　　　　　　　　【SETλ】设置波长键。

【SAVE】文件存储键。　　　　　　　　　【ZERO】校零和建基线键。

【PRINT】打印输出键。

【START】试验或测试启动键。

【ESC/STOP】退回前屏显示或取消当前操作。

【ENTER】输入确认键。

【F1】～【F4】功能键与屏幕上显示相对应。

【0】～【9】数字键。

【+/-/.】正负号和小数点。

【CE】删除当前的输入数据，删除文件。

【<】,【>】修改 X 坐标，逐点观察数据。

【∧】,【∨】修改 Y 坐标，逐点观察峰值，输入大小写字母改变。

【CELL】设置样品槽位置。

（2）UV-6000 系列紫外-可见分光光度计的基本操作

① 测定前的准备。

a. 开机自检。确认仪器光路中无阻挡物，关上样品室盖，打开仪器电源开始自检。

b. 预热。仪器自检完成后进入预热状态，若要精确测定，预热时间需在 30min 以上。

c. 确认比色皿。在将样品移入比色皿前先确认比色皿是干净、无残留物的，若测试波长小于 300nm，必须使用石英比色皿。

② 测定模式的选择。测定模式有如图 4-9 所示几种，选择光谱扫描模式，可对物质的吸收光谱进行扫描，对物质进行定性分析，找出最大吸收波长。选择光度计模式，则可对物质进行定量分析。

③ 结合软件测定过程。点击"样品测定"→点击右边"控制面板"→"启动"（可直接读出未知样品的浓度）。

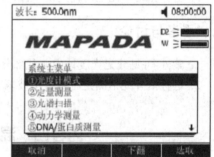

图 4-9　UV-6000 系列紫外-可见分光光度计的测定模式

a. 预热 15min 以后，把样品空白放入光路中，调节 Z_0 进行空白校正，空白校正完毕系统自动返回测量方法窗口。

b. 光路 1 中放入待测液，测量吸收曲线图，点击"吸收曲线图"，再点击"运行▷"，开始进行波长扫描。扫描结束后，点击"最大波峰 P"，看峰值。

c. 设置波长范围。设置 UV 主机，设置起、止波长。

d. 工作曲线的绘制。点击"多波长分析"→点击"测量方法"（是否计算样品浓度；是否建立标准曲线。两种都选定√）→点击"标准样品"→点击右边"控制面板"→"启动"（在"定点测量"对话框中输入"浓度"）。

2. 实验步骤

（1）取三个 25mL 容量瓶，洗净烘干，配制 $10\,mg\cdot mL^{-1}$ 的聚苯乙烯、聚甲基丙烯酸甲酯、苯乙烯-甲基丙烯酸甲酯共聚物的三氯甲烷溶液。

（2）取 3 个 10mL 容量瓶按表 4-2 的比例，稀释到刻度，摇匀，总浓度为 $1\,mg\cdot mL^{-1}$，在 265nm 处测定吸光度 A。

表 4-2　标准苯乙烯-甲基丙烯酸甲酯共聚物的三氯甲烷溶液配制

项目	编号		
	1	2	3
聚苯乙烯/mL	0.25	0.50	0.75
聚甲基丙烯酸甲酯/mL	0.75	0.50	0.25

（3）以 A 对 w_1 作图得一标准工作曲线。

（4）测未知样在 265nm 处的吸光度。

五、实验数据记录及处理

1. 由实验步骤所得数据作图，并用最小二乘法求工作曲线 $A = d + ew_1$。

2. 求未知物的组成。

六、实验注意事项

1. 紫外-可见分光光度计若长期未用，再用时，需重新校正系统（开机预热时，选择校正系统即可）。

2. 在使用紫外-可见分光光度计测定时选择合适的比色皿。玻璃比色皿适用于波长大于 300nm 以上。石英比色皿通用于紫外和可见光吸收波长。

3. 实验完毕后比色皿需清洗干净。

七、思考与讨论

1. 紫外-可见分光光度计由哪几部分组成？各部分的功能是什么？

2. 进行紫外光谱测定时可否用玻璃比色皿？

内容四　混合醇醚的气相色谱分析

一、实验目的

1. 了解气相色谱仪的结构。

2. 熟悉氢火焰离子检测器的调试及使用方法。

3. 掌握色谱内标定量法测定醇醚混合物。

二、实验原理

气相色谱法（gas chromatography，GC）是色谱法的一种。色谱法中有两个相，一个相是流动相，另一个相是固定相。如果用液体作流动相，就叫液相色谱，用气体作流动相，就叫气相色谱。

气相色谱法由于所用的固定相不同，可以分为两种，用固体吸附剂作固定相的叫气固色谱，用涂有固定液的担体作固定相的叫气液色谱。

按色谱原理来分，气相色谱法亦可分为吸附色谱和分配色谱两类，在气固色谱中，固定相为吸附剂，气固色谱属于吸附色谱，气液色谱属于分配色谱。

气相色谱仪工作原理：载气自气瓶通过减压器流出，经过净化管干燥脱氧等处理后，从载气入口接头进入仪器，经稳压阀、针型阀、压力表，以稳定的流速进入汽化室。液体试样用微量注射器注入汽化室后被汽化成气体试样，进入色谱柱分离。若是热导检测器，载气把已分离的组分逐一带进热导池检测器，由于导入热导池各组分的热导率与载气不同，使热导池中钨铼丝热导元件的热平衡状态发生了变化，从而导致由钨铼丝热导元件所组成的电桥电路产生了与组分浓度成正比例的输出信号，并由记录仪或色谱数据处理机或色谱工作站直接记录。使用氢火焰离子化检测器时，载气把分离了的组分逐一带进离子室，在石英喷嘴内与燃气（H_2）汇合并通过喷嘴，在助燃器（Air）的帮助下燃烧。所含 C、H 有机组分就得以电离，生成正离子和电子。在喷嘴口上下两电极间直流高压的作用下，形成了微弱的离子流，通过与收集相连的高电阻（107～1010Ω）取出电信号，经放大后记录。选择一定的方法就可进行定性、定量分析。

定性分析的任务是确定色谱图上各个峰代表什么物质。各物质在一定色谱条件下有其确定的保留值，因此，保留值是定性分析的基础，可利用标准物质对照法进行定性分析。定量分析的任务是测定混合样品中各组分的含量。定量分析的依据是待测物质的质量 m_i 与检测器产生的信号 A_i（色谱峰面积）成正比关系：

$$m_i = f_i' A_i \tag{4-18}$$

式中，f_i' 为比例常数，称为绝对校正因子。由于各组分在同一检测器上具有不同的响应值，即使两组分含量相同，在检测器上得到的信号往往不相等，所以，不能用峰面积来直接计算各组分的含量。因此，在进行定量分析时，引入相对校正因子 f_i（即通常说的校正因子）。

$$f_i = \frac{f_i'}{f_s'} = \frac{m_i / A_i}{m_s / A_s} \tag{4-19}$$

式中，f_s'、m_s、A_s 分别为标准物质的绝对校正因子、质量和峰面积。则：

$$m_i = \frac{A_i f_i}{A_s} m_s \tag{4-20}$$

利用校正后的峰面积便可准确计算物质的质量。常用的定量分析方法有归一化法、内标法、外标法和内加法等，它们各有一定的优缺点和适用范围。

内标法是一种准确而广泛的定量分析方法，操作条件和进样量不必严格控制，限制条件较少。当样品中组分不能全部流出色谱柱，某组分在检测器上无信号或只需测定样品中的个别组分时，可采用内标法，根据内标物的质量 m_s 与混合样品的总质量 m 及待测组分的峰面积 A_i，求出待测组分的含量 w_i。

$$w_i = \frac{m_i}{m} = \frac{A_i f_i m_s}{A_s m} \tag{4-21}$$

为了方便起见，求定量分析相对校正因子时，常以内标物作为标准物，则 $f_s' = 1.0$。选用内标物时需满足下列条件：①内标物应是样品中不存在的物质；②内标物应与待测组分的色谱峰分开，并尽量靠近；③内标物的量应接近待测物的含量；④内标物与样品互溶。

本实验样品中乙醇和乙醚可用内标法定量，以无水正丙醇为内标物，以符合以上条件。

三、实验设备和材料

1. 主要设备

（1）仪器：GC9800 型气相色谱仪（上海科创）配有氢火焰检测器（FID）和 HW-2000 色谱工作站，微量进样器。

（2）色谱柱：FFAP 毛细管柱。

（3）分析天平，微量进样针，5 个具塞刻度试管等。

2. 主要材料

无水乙醇（分析纯），无水乙醚（分析纯），无水正丙醇（分析纯）。

四、实验内容

1. 准备好所测样品：取干净的 5 个具塞刻度试管，分别标记为标准品 1、标准品 2、标准品 3、未知样品 1、未知样品 2。

2. 标准品的测定：用分析天平准确称取 3.00g 乙醇、3.00g 乙醚、3.00g 正丙醇（有挥发性须快速操作），配成标准品 1，摇匀，用 1μL 微量进样器取 0.1μL 标准品，注入色谱仪内，记录各峰保留时间 t_R，测定各峰峰面积，求出以正丙醇为标准的乙醇相对校正因子和乙醚相对校正因子。

采用相同方法对标准品 2（3.00g 乙醇、1.50g 乙醚、3.00g 正丙醇）、标准品 3（3.00g 乙醇、1.50g 乙醚、1.50g 正丙醇）进行测定，并获得另两组相对校正因子。

3. 未知样品的测定：准确移取 5g 未知样 1（含乙醇和乙醚）及 2g 正丙醇，摇匀，用 1μL 微量进样器取 0.1μL 未知样 1，注入色谱柱内，记录各峰保留时间 t_R，测定乙醇、乙醚和正丙醇的峰面积，求出未知样品中乙醇和乙醚的含量。

准确移取 5g 未知样 2（含乙醇、乙醚和水）及 2g 正丙醇，摇匀，用 1μL 微量进样针取 0.1μL 未知样 2，注入色谱柱内，记录各峰保留时间 t_R，测定乙醇、乙醚和正丙醇的峰面积，求出未知样品中乙醇和乙醚的含量，并推算出水的含量。

4. 气相色谱使用步骤

开机：

（1）通气，先通载气（高纯 N_2），先开总阀，后缓慢开启减压阀，即旋紧减压阀。

（2）打开色谱总电源，分别将柱温、气化室温度和检测器温度升至设定值。

（3）打开氢火焰检测器电源，分别通入空气和 H_2，按照规程用打火枪点火。

（4）打开色谱工作站，等基线平稳后准备进样。

关机：

（1）依次关闭 H_2（先关总阀，看减压阀压力降到 0，后旋松减压阀）和空气阀门，关闭氢火焰检测器电源。

（2）分别将柱温降至 50℃、气化室温度和检测器温度降至室温。

（3）关闭载气（高纯 N_2），先关总阀，后缓慢关闭减压阀，即旋松减压阀。

（4）关闭色谱总电源。

5. 分析条件与方法

色谱条件：已知乙醇、乙醚、正丙醇的沸点分别为 78℃、35℃、97℃。

柱温：100℃；汽化室温度：150℃；检测器温度：150℃。

载气：高纯 N_2，流速为 20～40mL/min；H_2 流速为 25mL/min；空气流速为 300mL/min。

进样：0.1μL。

方法：乙醇和乙醚可用内标法定量，以无水正丙醇为内标物。

五、实验注意事项

1. 开启气相色谱仪之前一定要先打开载气（高纯 N_2）。

2. 实验结束后依次关闭 H_2 和空气，关闭氢火焰检测器电源，当柱温降至 50℃、气化室温度和检测器温度降至室温后，再关闭载气（高纯 N_2）。

六、思考与讨论

1. 待测组分与填充柱填充物的性质有何关系？
2. 待测组分的含量与色谱峰高有何关系？
3. 气相色谱仪开关机步骤？

实验十二　高分子材料的性能检测

内容一　聚甲基丙烯酸甲酯温度-形变曲线的测定

一、实验目的

1. 通过聚甲基丙烯酸甲酯温度-形变曲线的测定，了解所合成聚合物在受力情况下的形变特征。
2. 掌握温度-形变曲线的测定方法及玻璃化转变温度 T_g 的求取。

二、实验原理

当线性非结晶性聚合物在等速升温的条件下，受到恒定的外力作用时，在不同的温度范围内表现出不同的力学行为。这是高分子链在运动单元上的宏观表现，处于不同力学行为的聚合物因为提供的形变单元不同，其形变行为也不同。对于同一种聚合物材料，由于分子量不同，它们的温度-形变曲线也是不同的。随着聚合物分子量的增加，曲线向高温方向移动。

温度-形变曲线的测定同样也受到各种操作因素的影响，主要是升温速率、载荷大小及样品尺寸。一般来说，升温速率增大，T_g 向高温方向移动。这是因为力学状态的转变不是热力学的相变过程，而且升温速率的变化是运动松弛所决定的。而增加载荷有利于运动过程的进行，因此 T_g 会降低。

温度-形变曲线的形态及各区域的大小，与聚合物的结构及实验条件有密切关系，测定聚合物温度-形变曲线对估计聚合物使用温度的范围，制定成形工艺条件，估计分子量的大小，配合高分子材料结构研究有很重要的意义。

三、实验设备和材料

1. 主要设备
热分析仪。

2. 主要材料
自制聚甲基丙烯酸甲酯（PMMA）。

四、实验内容

1. 本实验样品为高度小于 22mm 的圆柱形样品，所制得的样品应保证上下两个平面完全平行。

2. 参数设置及测试。

（1）仪器开机，设置试验参数，测试前，设备及软件开机稳定至少 1h。

（2）选择测量模式，样品放置好，检测试验参数无误，开始测试，降温的阶段必须选取液氮制冷功能。

（3）测试结束，设备里面的样品温度应降至 80℃以下才可以开炉体，待冷却至室温后才可取出样品，然后进行第二次测试或关机。

（4）数据分析，实验结束后，对实验所得曲线分析，得出相应的测试结果。

3. 分析测试完成后得到一条温度-形变曲线，选择进入曲线分析程序。

五、实验注意事项

1. 待测样品的厚度和宽度要用卡尺准确测定，厚度测定三个点取平均值。

2. 在拉力机上装待测样品时，一定要按照规程进行。

六、思考与讨论

温度对拉伸性能有什么影响？

内容二　高分子材料拉伸性能测定

一、实验目的

1. 测试热塑性塑料的拉伸性能。

2. 掌握高分子材料的应力-应变曲线的绘制。

3. 了解塑料抗张强度的实验操作。

二、实验原理

拉伸试验是材料最基本的一种力学性能试验方法，可以得到材料的各种拉伸性能，包括拉伸强度、弹性模量、泊松比、伸长率、应力-应变曲线等。拉伸试验是指在规定的温度、湿度和试验速度下，在试样上沿纵轴方向施加拉伸载荷使其破坏，此时材料的性能指标如下所述。

聚合物材料由于本身长链分子的大分子结构特点，使其具有多重的运动单元，因此不是理想的弹性体，在外力作用下的力学行为是一个松弛过程，具有明显的黏弹性质。拉伸试验时因试验条件的不同，其拉伸行为有很大差别。起始时，应力增加，应变也增加，在 A 点之前应力与应变成正比关系，符合胡克定律，呈理想弹性体。A 点叫作比例极限点。超过 A 点后的一段，应力增大，应变仍增加，但二者不再成正比关系，比值逐渐减小；当达到 Y 点时，其比值为零。Y 点叫作屈服点。此时弹性模量近似为零，这是一个重要的材料特征点。对塑料来说，它是使用的极限。如果再继续拉伸，应力保持不变甚至还会下降，而应变可以在一个相当大的范围内增加，直至断裂。断裂点的应力可能比屈服点应力小，也可能比它大。断裂点的应力和应变叫作断裂强度和断裂伸长率。

高分子材料是多种多样的，它们的应力-应变曲线也是多样的，并且受外界条件的极大影响。

材料的应力-应变曲线下的面积，表示其反抗外力时所做的功，因此根据应力-应变曲线的形状就可以大致判断出该材料的强度和韧性。

三、实验设备和材料

1. 主要设备
微机控制万能材料试验机 1 套，拉力试验机 1 套，游标卡尺 1 个。

2. 主要材料
按照标准制备聚丙烯（PP）、聚苯乙烯（PS）哑铃形样条若干。

四、实验内容

1. 实验前的准备
（1）试样制作　将高分子材料板首先放在万能制样机上裁切成一个长为 13cm、宽为 2cm 的长条形试样，然后将长条形试样放在铣刀中将试样铣成哑铃形。

（2）拉力试验机的准备工作　要保证测试顺利进行和结果准确，拉力试验机的良好工作状态是必不可少的。微机控制万能材料试验机的准备工作包括：

① 首先调节工作室的温度和湿度使之符合国家标准的要求。

② 开启试验机的总电源，预热 10min。

③ 选择合适量程的力传感器。把选定的传感器放到主机顶部传感器座上固定，用电缆把传感器与测力放大器相连，同时在传感器上装好夹具。

2. 测试步骤
① 在实验前用游标卡尺精确测定厚度。每根试样测定三点取算术均值，并计算截面积 A_0，用游标卡尺在试样上对称选取 $l_0=25$mm 作为标线间距离。

② 试验条件：打开试验机拉伸软件，选择所需拉伸速率，本实验分别选取 5mm·min^{-1}、50 mm·min^{-1}。

③ 把试样夹持在夹具上，并保持竖直。轻按下行开关，夹紧试样下端。

④ 仪器负荷调零，位移调零。

⑤ 按运行按钮，开始试验。实验过程中，计算机程序上自动记录 X-Y（载荷-形变）曲线。

⑥ 试样断裂后，保存试样数据。

⑦ 重复步骤③～⑥，完成本组实验。

测试结束，关闭微机控制万能材料试验机和拉力试验机，打扫卫生，清理场地。

五、实验注意事项

1. 待测样品的厚度和宽度要用卡尺准确测定，厚度测定三个点取平均值。
2. 在拉力机上装待测样品时，一定要按照规程进行。

六、思考与讨论

1. 高分子材料有几种类型的应力-应变曲线？
2. 比较橡胶、塑料及纤维的应力-应变曲线有何不同？

第五章 >>>
电化学应用综合实验

实验十三 海洋电场探测电极电化学性能测定

一、实验目的

1. 了解 Ag/AgCl 电极电化学性能的评价指标。
2. 掌握循环伏安（CV）、极化曲线（EI）和交流阻抗（EIS）测定方法。

二、实验原理

电极的电化学性能测定主要包括循环伏安（CV）、极化曲线（EI）和交流阻抗（EIS）测定。采用三电极测定体系，如图 5-1 所示。

循环伏安（CV）测定主要是研究电极的本质特点是可逆性电极，还是非可逆性电极。

极化曲线（EI）测定主要是研究电极的交换电流密度，交换电流密度指平衡状态下，氧化态粒子与还原态粒子在"电极/溶液"界面上的交换速度，表征的是电极反应在平衡状态下的动力学特征，它的大小与反应速率、电极材料和物质的浓度有关。交换电流密度大表示氧化态粒子与还原态粒子在"电极/溶液"界面上的交换速度快，电极的电化学性能好。

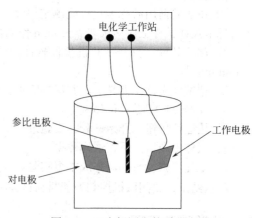

图 5-1　三电极测定体系示意图

电化学交流阻抗测定是一种以不同频率的小振幅正弦波扰动信号作用于电极系统的电化学测定方法，它以测定得到的频率范围很宽的阻抗谱来研究电极系统。因而能比其他常规的电化学方法得到更多的动力学信息和电极界面的信息，通常用来研究电极表面电荷转移和传质过程，以此来评估电极的稳定性和可逆性。

三、实验设备和材料

1. 主要设备

Zahner Ennium 电化学工作站或 CS350 电化学工作站、Ag/AgCl 电极，镀铂钛电极。

2. 主要材料

3%NaCl 溶液。

四、实验内容

1. 循环伏安（CV）测定

采用电化学工作站对电极的 CV 曲线进行测定，循环伏安测定范围：–0.1～0.1V；扫描速度分别为 5mV·s^{-1}。测试过程中 CV 曲线测定采用三电极体系，参比电极为 Ag/AgCl 电极，辅助电极为镀铂钛电极。

2. 极化曲线（EI）测定

采用电化学工作站对电极的极化曲线进行测定，测试过程中极化曲线扫描范围为 ±100mV，扫描速度为 0.2mV·s^{-1}，极化曲线测定采用三电极体系，参比电极为 Ag/AgCl 电极，辅助电极为镀铂钛电极。

实验过程中先根据电子数显卡尺量出电极直径，计算出电极表面积，再利用 Zahner Ennium 电化学工作站或 CS350 电化学工作站软件根据极化曲线进行 Tafel 拟合，可得到 Ag/AgCl 电极的交换电流密度 i_0。

3. 交流阻抗（EIS）测定

采用电化学工作站对电极的交流阻抗进行测定。交流阻抗测定采用三电极体系，参比电极为 Ag/AgCl 电极，对电极为镀铂钛电极。扫描频率设置为 0.01～1000Hz，扫描电压为 5mV。用 Zview 软件选择合适的等效电路图，对交流阻抗谱进行拟合，得到相关参数。

五、实验数据记录及处理

采用 origin 软件对所测试的数据进行作图，如图 5-2～图 5-4 所示，根据所得图形分析电极的各项指标参数。

1. 循环伏安（CV）测定

根据循环伏安（CV）测试结果（图 5-2）分析 Ag/AgCl 电极的特点。

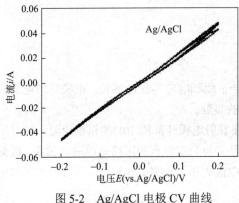

图 5-2　Ag/AgCl 电极 CV 曲线

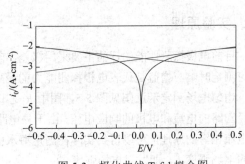

图 5-3　极化曲线 Tafel 拟合图

2. 极化曲线（EI）测定

利用科斯特电化学工作站软件根据极化曲线进行 Tafel 拟合，拟合的过程如图 5-3 所示，得到 Ag/AgCl 电极的交换电流密度 i_0。

3. 交流阻抗（EIS）测定

用 Zview 软件，选取合适的等效电路图对 Ag/AgCl 电极的交流阻抗谱进行拟合，作图（图 5-4），得到电荷转移电阻 R_{ct} 等相关实验数据。

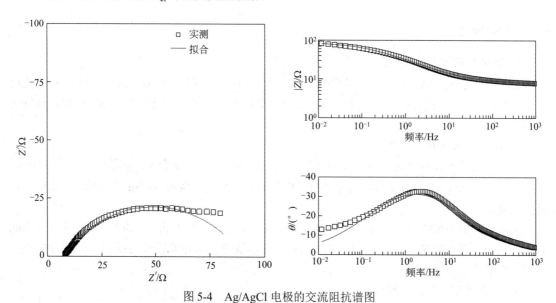

图 5-4　Ag/AgCl 电极的交流阻抗谱图

Z—阻抗；$|Z|$—阻抗模；Z'—阻抗的实部；Z''—阻抗的虚部；θ—相位角

实验十四　海洋电场探测电极探测性能测定

一、实验目的

1. 了解 Ag/AgCl 电极探测性能的评价指标。
2. 掌握电极对幅频响应测定方法。

二、实验原理

目前电极探测性能的评估主要采用极差、自噪声、幅频响应等性能参数。电极均匀电场幅频响应测定时响应增益是代表电极探测能力的最直接的参数。

均匀电场测定示意图见图 5-5，图中 R 是串联在发射电极外部的 10Ω 的精密电阻。同时采集流经回路的电流和电极的响应电压，由于外电路电阻 R 与测定海水的回路是串联的关系，根据串联电流相等的原理，可以得到实际在测定海水中的电流大小，根据式（5-1），即可得到海水中实际的电场强度 E，即发射电场强度。

$$E = \frac{I}{S\kappa} \qquad (5\text{-}1)$$

式中，I 为所测得电阻的电流，A；S 为海水中电流流过的发射电极横截面积（490cm^2）；κ 为海水电导率，（4.0S/m）。

响应电场强度计算公式如下：

$$E' = \frac{V}{d} \qquad (5\text{-}2)$$

式中，V 为信号发生器所测得的电极响应电压，V；d 为电极对的距离（25cm）。

不同频率下测得电极的响应增益的测定值为 $E_{响应电场}/E_{发射电场}$。

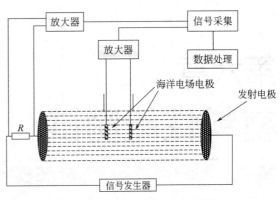

图 5-5　均匀电场测定示意图

三、实验设备和材料

1. 主要设备

半台式万用表、MPS140401 采集器、SA-200F3 放大器、Ag/AgCl 电极。

2. 主要材料

3% NaCl 溶液。

四、实验内容

采用两电极体系，将湿态保存的改性 Ag/AgCl 电极对置于水槽中间开口与水槽径向位置（与发射电极同方向）的模拟海水中，两电极间距为 25cm。通过设置信号发生器信号频率 0.001～10Hz，发射强度为 100mV，可测得不同频率下电极的响应特征，计算电极的响应增益。

五、实验数据记录及处理

采用 origin 软件对所测试的数据进行作图。填写表 5-1，计算电极电场响应增益，分析响应增益的影响因素。

表 5-1　Ag/AgCl 电极对于不同频率电场的响应情况

参数	1mHz	10mHz	100mHz	1Hz
发射电场强度/（mV/m）				
响应电场强度/（mV/m）				
响应增益				

第六章 >>>
材料性能测试

实验十五　材料的机械性能测试

内容一　硬度试验

一、实验目的

1. 了解利用压入法测定硬度的基本原理及应用。
2. 掌握布氏、洛氏、维氏硬度计的主要结构及操作方法。
3. 了解含碳量对碳钢硬度的影响。

二、实验原理

1. 概述

硬度是衡量材料软硬程度的一种性能指标。由于在金属表面以下不同深处材料所承受的应力和所发生的变形程度不同,因而硬度值综合地反映了压痕附近局部体积内金属的弹性、微量塑变抗力、塑变强化能力以及大量形变抗力。因此,硬度值实际上是表征材料的弹性、塑性、形变强化、强度和韧性等一系列不同物理量组合的一种综合性能指标。硬度试验方法很多,机械工业普遍采用压入法来测定硬度,硬度值反映材料表面抵抗另一物体压入时所引起的塑性变形抗力。根据载荷、压头和表示方法不同,压入法又分为布氏硬度、洛氏硬度、维氏硬度等。由于硬度试验简单易行,又无损于零件,而且可以近似地推算出材料的其他机械性能,因此在生产和科研中应用广泛。

压入法硬度试验的主要特点是:

(1) 无论是脆性材料还是塑性材料,均可采用此法测定其硬度。

(2) 该硬度值同其他机械性能指标间存在着一定的近似关系:

$$R_m = KH \tag{6-1}$$

式中,R_m 为材料的抗拉强度值;H 为硬度(HB、HRC、HV、HS)值;K 为系数。

退火状态的碳钢 $K = 0.34 \sim 0.36$；合金调质钢 $K = 0.33 \sim 0.35$；有色金属合金 $K = 0.33 \sim 0.53$。

（3）硬度值对材料的耐磨性、疲劳强度等性能也有定性的参考价值，通常硬度值高，这些性能也就好。在机械零件设计图纸上对机械性能的技术要求，往往只标注硬度值，其原因就在于此。

（4）硬度测定由于仅在金属表面局部体积内产生很小压痕，并不损坏零件，因而适合于成品检验。

（5）设备简单，操作迅速方便。

2. 布氏硬度（HB）

布氏硬度测定的原理是把一定直径的硬质合金压头以规定的载荷 F 压入被测材料表面，保持一定时间后卸除载荷，测出压痕直径 d、压痕深度 h，求出压痕表面积 $S_凹$，计算出平均应力值，以此为布氏硬度值的计量指标。因此，布氏硬度值是以试样压痕面积上的平均压力（$F / S_凹$）表示，即单位面积所承受的压力（图 6-1）。

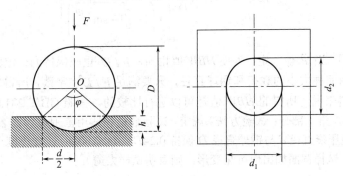

图 6-1 布氏硬度试验原理

布氏硬度常用符号 HBW（压头为硬质合金）或 HBS（压头为淬火钢球）表示。以 HBW 为例，符号 HBW 前面为硬度值，符号后面数字（数字间用/隔开）按如下顺序表示试验条件的指标：①球直径，mm；②试验力，kgf（1kgf=9.80665N）；③与规定时间不同的试验力保持时间（试验力保持规定时间为 $10 \sim 15$ s，与规定时间一致则不标）。如 350 HBW 5/750 表示用直径为 5 mm 的硬质合金球压头在 750 kgf 试验力下保持 $10 \sim 15$ s 测定布氏硬度值为 350 kgf/mm²；600 HBW 1/30/20 表示用直径为 1 mm 的硬质合金球压头在 30 kgf 试验力下保持 20 s 测定布氏硬度值为 600 kgf/mm²。

布氏硬度公式：

$$HBW = 0.102 \times \frac{F}{S_凹} = 0.102 \times \frac{2F}{\pi D \left(D - \sqrt{D^2 - d^2} \right)} \tag{6-2}$$

式中，F 为载荷，N；D 为钢球直径，mm；$S_凹$ 为压痕面积，mm²；d 为压痕平均直径，mm。

$$d = \frac{d_1 + d_2}{2} \tag{6-3}$$

由于金属材料的软硬不同，厚薄不同，若只采用同一种载荷（如 29420 N）和钢球直径（10 mm）时，则硬的金属适合，而对极软的金属就不适合，会发生整个钢球陷入金属中的现象；若对于厚的工件适合，则对于薄件会出现压透的可能，所以测定不同材料的布氏硬度值，就要求

有不同的载荷 F 和钢球直径 D。为了得到统一的可以相互进行比较的硬度值，必须使 D 和 F 之间维持某一比较关系，以保证得到的压痕形状的几何相似关系，其必要条件就是使压入角 φ 保持不变。

根据相似原理，由图 6-1 可知 d 和 φ 的关系：

$$\frac{D}{2}\sin\frac{\varphi}{2}=\frac{d}{2}$$

或

$$d=D\sin\frac{\varphi}{2} \tag{6-4}$$

将式（6-4）代入式（6-2）得：

$$HBW=0.102\times\frac{F}{D^2}\left[\frac{2}{\pi\left(1-\sqrt{1-\sin^2\frac{\varphi}{2}}\right)}\right] \tag{6-5}$$

式（6-5）说明，当 φ 值一定，为使 HBW 值相同，F/D^2 也应保持为一定值，因此对同一材料而言，不论采用何种大小的载荷和钢球直径，只要满足 F/D^2＝常数，所得的 HBW 值是一样的；对不同的材料来说，所得的 HBW 值是可以进行比较的。按照 GB/T 231.1—2018《金属材料 布氏硬度试验 第 1 部分：试验方法》规定，试验数据和适用范围可参照表 6-1 和表 6-2（试验力选择时，应使压痕直径 d 与钢球直径 D 保持 $0.24D<d<0.60D$；试样厚度至少应为压痕深度的 8 倍；试验后，试样背面如出现可见变形，则表明试样太薄）。

表 6-1　不同材料的试验力-压头球直径平方的比率

材料	布氏硬度 HBW	$0.102\dfrac{F}{D^2}$
钢、镍合金、钛合金	—	30
铸铁	＜140	10
	≥140	30
铜及铜合金	＜35	5
	35～200	10
	＞200	30
轻金属及合金	＜35	2.5
	35～80	10（或 5 或 15）
	＞80	10（或 15）
铅、锡	—	1

表 6-2　布氏硬度试验规范

材料	布氏硬度 HBW	试样厚度/mm	$0.102\dfrac{F}{D^2}$	钢球直径 D/mm	载荷/kgf	载荷保持时间/s
黑色金属及其合金、镍合金、钛合金	≥140	＞6 6～3 ＜3	30	10 5 2.5	3000 750 187.5	10
	＜140	＞6 6～3 ＜3	10	10 5 2.5	1000 250 62.5	10

材料	布氏硬度 HBW	试样厚度/mm	$0.102\dfrac{F}{D^2}$	钢球直径 D/mm	载荷/kgf	载荷保持时间/s
有色金属及其合金	>200	>6 6～3 <3	30	10 5 2.5	3000 750 187.5	30
	35～200	>6 6～3 <3	10	10 5 2.5	1000 250 62.5	30
	<35 （铜及铜合金）	>6 6～3 <3	5	10 5 2.5	500 125 31.25	60
	<35 （轻金属及合金）	>6 6～3 <3	2.5	10 5 2.5	250 62.5 15.625	60

① 1kgf=9.80665N。

注：当试样尺寸允许时，应优先选用 10 mm 的球压头进行试验。

3. 洛氏硬度（HR）

洛氏硬度同布氏硬度一样，也属于压入法，但它不是测定压痕面积而是根据压痕深度来确定硬度值指标，其试验原理如图 6-2 所示。洛氏硬度试验所用压头有两种：一种是顶角为 120° 的金刚石圆锥，另一种是直径为 1/16 in（1.588 mm）或 1/8 in（3.175 mm）的淬火钢球或硬质合金球。根据金属材料软硬程度不同，可选用不同压头和载荷配合使用，最常用的是 HRA、HRB 和 HRC。这三种洛氏硬度的压头、载荷及使用范围列于表 6-3。

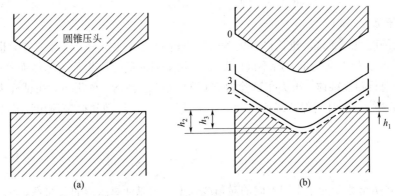

图 6-2　洛氏硬度试验原理

洛氏硬度测定时需要先后施加二次载荷（预载荷 F_1 和主载荷 F_2），预加载荷的目的是使压头与试样表面接触良好以保证测量结果准确。图 6-2（b）中，加上 98.07 N（10 kgf）预载荷后的压头位置为 1，此时压入深度为 h_1；加上主载荷后的压头位置为 2，此时压入深度为 h_2，h_2 包括由加载所引起的弹性变形和塑性变形；卸除主载荷后，由于弹性变形恢复而稍提高到位置 3，此时压头的实际压入深度为 h_3。洛氏硬度就是以主载荷引起的残余压入深度（$\Delta h = h_3 - h_1$）来表示。但这样直接以压入深度的大小表示硬度，将会出现硬的金属硬度值小，而软的金属硬度值大的现象，这与布氏硬度所标志的硬度值大小的概念相矛盾。为了与习惯上数值越大硬度越高的概念相一致，采用一常数（k）减去（$h_3 - h_1$）的差值表示硬度值。为了简便起见，又规定每 0.002 mm 压入深度作为一个硬度单位（即刻度盘上一小格。）

洛氏硬度值公式如下：

$$HR = \frac{k-(h_3-h_1)}{0.002} \qquad (6\text{-}6)$$

式中，h_1 为预载荷压入试样的深度，mm；h_3 为卸除主载荷后压入试样的深度，mm；k 为常数，采用金刚石圆锥时 $k=0.2$（用于 HRA 和 HRC），采用钢球时 $k=0.26$（用于 HRB）。

因此，上式可改为：

$$HRC(HRA) = 100 - \frac{h_3-h_1}{0.002} \qquad (6\text{-}7)$$

$$HRB = 130 - \frac{h_3-h_1}{0.002} \qquad (6\text{-}8)$$

根据被测材料硬度的高低，按表 6-3 选择压头和载荷。

表 6-3　洛氏硬度的试验规范

硬度符号	压头	总载荷/kgf[①]	表盘上刻度颜色	常用硬度值范围	使用范围
HRA	金刚石圆锥	60	黑色	70～85	碳化物、硬质合金、表面淬火钢等
HRB	$\frac{1}{16}$ in 或 $\frac{1}{8}$ in 淬火钢球或硬质合金球	100	红色	25～100	有色金属、退火及正火钢等
HRC	金刚石圆锥	150	黑色	20～67	调质钢、淬火钢等

① 1kgf=9.80665N。

4. 维氏硬度（HV）

（1）维氏硬度测试原理　维氏硬度的测试原理与布氏硬度相同，维氏硬度值也采用压痕单位面积所承受的试验力来表示。所不同的是维氏硬度测试用的压头不是球体而是两对面夹角 α 为 136° 的金刚石四棱锥体。压头在试验力 F（单位是 kgf 或 N）作用下，在试样表面留下一个四棱锥形压痕，经规定时间保持载荷之后，卸除试验力，由读数显微镜测出压痕对角线平均长度 d，则：

$$d = \frac{d_1+d_2}{2} \qquad (6\text{-}9)$$

式中，d_1，d_2 分别是两个不同方向的对角线长度，用以计算压痕的表面积。

所以维氏硬度值（HV）就是试验力 F 除以压痕表面积 A 所得的商。当试验力 F 的单位为 kgf（9.8 N）时计算公式如下：

$$HV = \frac{F}{A} = \frac{2F\sin(136°/2)}{d^2} = 1.8544\frac{F}{d^2} \qquad (6\text{-}10)$$

当试验力 F 的单位为 N 时，计算公式如下：

$$HV = \frac{0.102F}{A} = \frac{0.204F\sin(136°/2)}{d^2} = 0.1891\frac{F}{d^2} \qquad (6\text{-}11)$$

与布氏硬度一样，维氏硬度值也不标注单位。维氏硬度值的表示方法是：在 HV 前书写硬度值，HV 后按顺序用数字表示实验条件（试验力/试验力保持时间，保持时间为 $10\sim15$ s 的不标）。例如，640 HV $30/20$ 表示用 30 kgf（294 N）试验力保持 20 s 测定的维氏硬度值为 640；如果试验力为 1 kgf（9.8 N），实验加载保持时间 $10\sim15$ s，测得的硬度值为 560，则可表示为 560 $HV1$。

维氏硬度实验的试验力为 $5\sim100$ kgf（$49\sim980$ N），小负荷维氏硬度实验的试验力为 $0.2\sim5$ kgf（$1.96\sim49$ N），可根据试样材料的硬度范围和厚度来选择。其选择原则应保证实验后压痕深度 h 小于试样厚度（或表面层厚度）的 $1/10$。

在一般情况下，建议选用试验力 30 kgf（294 N）。当被测金属试样组织较粗大时，也可选用较大试验力。但当材料硬度 $\geqslant500$ HV 时，不宜选用大试验力，以免损坏压头。试验力的保持时间：黑色金属 $10\sim15$ s，有色金属（30 ± 2）s。

（2）显微硬度　金属显微硬度实验原理与宏观维氏硬度实验法完全相同。只不过所用试验力比小负荷维氏硬度试验力实验时还要小，通常在 $0.01\sim0.2$ kgf（$0.098\sim1.96$ N）范围内。所得压痕对角线也只有几微米至几十微米。因此，显微硬度是研究金属微观组织性能的重要手段。常用于测定合金中不同的相、表面硬化层、化学热处理渗层、镀层及金属箔等的显微硬度。

金属显微硬度的符号、硬度值的计算公式和表示方法与宏观维氏硬度实验法完全相同。金属显微硬度实验的试验力分为 0.01 kgf（9.8×10^{-2} N）、0.02 kgf（0.196 N）、0.05 kgf（0.49 N）、0.1 kgf（0.98 N）及 0.2 kgf（1.96 N）五级，尽可能选用较大的试验力进行实验。

三、实验设备和材料

1. 主要设备
布氏硬度计及读数显微镜、洛氏硬度计、显微维氏硬度计。

2. 主要材料
20#钢、45#钢、T8 钢、铸铁试样、铜板、铝板。

四、实验内容

1. 洛氏硬度测试
（1）洛氏硬度计的操作方法与要求

① 按表 6-3 选择压头及载荷。

② 将试样置于载物台上，加预载荷。顺时针方向转动升降丝杠手轮，使试样与压头缓慢接触，直至表盘小指针从小黑点转动到小红点，大指针指向上方左右 $\leqslant15°$ 时为止。

③ 调零：旋转读数表盘。HRC、HRA 硬度测试时，使大指针与表盘上黑字 C 处对准；HRB 测试时，使大指针与表盘上红字 B 处对准。

④ 加主载荷。平稳地扳动加载手柄，手柄自动升高至停止位置（时间为 $4\sim6$ s），并停留 $5\sim10$ s 后卸去主载荷（卸载即将加载手柄扳回至原来位置）。由表盘上直接读出硬度值。HRC、HRA 读黑刻度数字，HRB 读红刻度数字。然后逆时针转动手轮，卸下试样。

⑤ 用同样的方法在试样的不同位置测三个以上洛氏硬度值，取其算术平均值为试样的硬度值，各压痕中心距和压痕中心至试样边缘的距离不得小于 3 mm。

（2）测量及记录

测量 20#钢、45#钢、T8 钢、铸铁试样的洛氏硬度 HRB。并将数据记录在表 6-4 中。

表 6-4　洛氏硬度的测量结果

试样	HRB			
	1#	2#	3#	平均值
20#钢				
45#钢				
T8 钢				
铸铁				

（3）注意事项

① 在硬度测试中，加载荷、保持载荷、卸除载荷时，严禁转动变荷手轮和升降丝杠旋轮。

② 两相邻压痕及压痕中心至边缘距离不小于 3 mm。

③ 测定硬度时不要把有压痕的面朝下与载物台接触。

2. 布氏硬度测试

（1）HBE-3000A 布氏硬度计操作方法与要求

① 按表 6-1 和表 6-2 选择压头、载荷和载荷保持时间。将选定的压头推进主轴孔中，贴紧支撑面，把压头柄缺口平面对着螺钉，略微拧紧压头紧固螺钉。

② 打开电源开关，面板显示倒计数，仪器在自动调整位置，当试验力显示窗口 A 为 0 时，仪器进入工作起始位置，见图 6-3 和图 6-4。

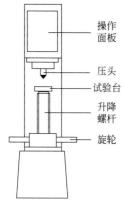

图 6-3　HBE-3000A 布氏硬度计

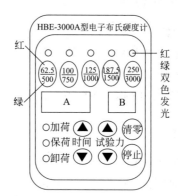

图 6-4　HBE-3000A 布氏硬度计的操作面板

③ 开机时仪器的预置值设定在 250 kgf（2452 N），保持载荷时间设定 15 s。若要选择其他试验力和保持载荷时间，按面板上的试验力加减键（▲▼）和时间加减键（▲▼）。试验力共有 10 级，5 个显示窗口（62.5/500，100/750，125/1000，187.5/1500，250/3000）。发光管窗口亮红色时，对应"/"上挡试验力；发光管窗口亮绿色时，对应"/"下挡试验力。保荷时间加减键每按一次增加（或减少）5 s，选择范围 5～60 s，由 B 窗口显示。

④ 准备工作就绪后，将试样平稳地放在试验台（或称载物台）上，转动旋轮上升试件，当试验力施加时，A 窗口开始显示试验力。选用上挡试验力（红色发光管亮）时，手动加载约 27 kgf（265 N）；当选用下挡试验力（绿色发光管亮）时，手动加载约 90 kgf（883 N）。手动加载后，仪器发出"嘟"响声，则仪器自动加载试验力；若手动用力过大时，仪器发出"嘟、嘟……"声不断，不能正常工作，请退下试验台，更换测试点位置重做。

⑤ 加载、保持载荷、卸载三个阶段结束后，一次硬度测试过程结束，退下试验台，仪器自动复位。取下试样用读数显微镜测出压痕直径，将测得结果查表（压痕直径与布氏硬度对照表）即可得出试样硬度值 HBW。

⑥ 保持载荷时间：黑色金属为 10～15 s，有色金属为 30 s，硬度值小于 35 HBW 时为 60 s。

相邻两压痕中心距离不小于压痕直径的 3 倍，压痕中心至试样边缘距离不小于压痕直径的 2.5 倍。出现故障后关机，要按"清零"键，使之消除内部残余应力（保持载荷时加载部分有轻微异响为正常现象）。

测试过程中遇到紧急情况需停止操作，按"停止"键，硬度恢复到起始状态，然后按"清零"键。平时使用时也要经常按"清零"键。

⑦ 读数显微镜的使用。读数显微镜构造见图 6-5。

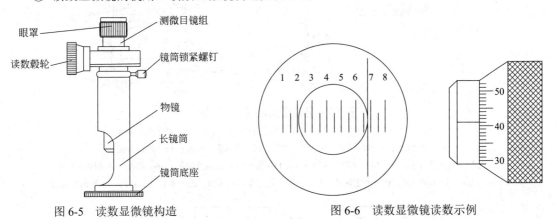

图 6-5 读数显微镜构造   图 6-6 读数显微镜读数示例

测量显微镜的放大倍数：20×，毂轮最小读数：0.005 mm（即每格 0.005 mm）。

将打好布氏硬度压痕的试件放在平稳的台面上，把读数显微镜置于试件上，长镜筒的窗口处对着自然光或用灯光照明。旋转目镜上的眼罩，使压痕边缘清晰。

选择目镜中任一条固定数字线为起始线与压痕左边相切。固定读数显微镜，转动读数毂轮，移动目镜中的刻线相切于压痕右边。

如：图 6-6 中压痕左边与数字 2 相切，右边在 6.5～7 之间，毂轮读数为 41 格，则压痕直径为：（6.5–2 + 41×0.005）mm = 4.705 mm 。

（2）测量及记录

测量铜板、铝板的布氏硬度，并将数据记录在表 6-5 中。

表 6-5 布氏硬度测量的实验结果

材质	F	D	t	HBW

注：F — 载荷；D — 钢球压头直径；t — 载荷保持时间。

3. 显微维氏硬度测试

（1）硬度计的使用。图 6-7 和图 6-8 为显微维氏硬度计结构示意图和操作面板及功能。

① 转动试验力变换手轮，使试验力符合选择要求，负荷的力值应和当时主屏幕上显示的力

值一致。旋动变荷手轮时，应小心缓慢地进行，防止速度过快发生冲击。

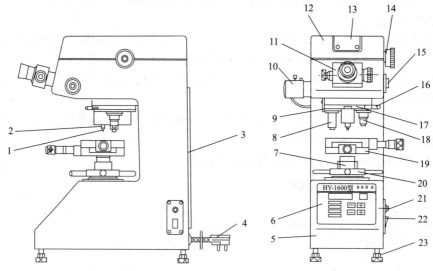

图 6-7　显微维氏硬度计示意图

1—压头；2—压头螺钉；3—后盖；4—电源插头；5—主体；6—显示操作面板；
7—升降螺杆；8—10×物镜；9—定位弹片；10—测量照明灯座；11—测微目镜；
12—上盖；13—照相接口盖；14—试验力变换手轮；15—照相、测量转换拉杆；16—物镜、压头转动手轮；
17—转盘；18—40×物镜；19—十字试台；20—旋轮；21—电源指示灯；22—电源开关；23—水平调节螺钉

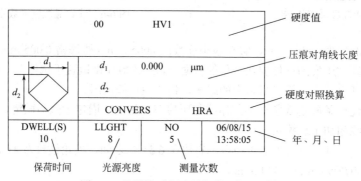

图 6-8　显微维氏硬度计操作面板及功能

② 可对主屏幕上的参数按要求进行修改和选择，按 OK 键确定。

③ 转动手轮（16），使 40× 物镜（18）处于前方位置（光学系统总放大倍数为 400× 进入测量状态）。

④ 将标准试块或试样放在试验台上，转动旋轮（20）使试验台上升，当试样离物镜下端 2～3 mm 时，靠近测微目镜观察。在目镜的视场内出现明亮光斑，说明聚焦面即将到来，此时应缓慢微量上升试台，直至目镜中观察到试样表面清晰的成像，此时聚焦过程完成。

⑤ 如果想观察试样表面上较大的视场范围，可将 10× 物镜（8）转至前方位置，此光路系统总放大倍数为 100× ，处于观察状态。

⑥ 压头 1 转至前方位置，转动时应小心缓慢地进行，防止过快产生冲击，此时压头顶端与聚焦面的距离为 0.3～0.45 mm。

注：当测试不规则的试样时，操作要小心、防止压头碰击试样而损坏压头。

⑦ 按启动键，此时加载试验力（电机启动），同时屏幕上出现"LOADING"表示加载试验力；"DWELL"表示保持试验力，"10、9、8……0"秒倒计时；"UNLOADING"表示卸除试验力，加、卸试验力结束（电机工作结束）后，主屏幕回到操作界面。

注：电机在工作状态时切不可转动压头，否则会损坏仪器。

⑧ 必须换到操作界面时，才可将 40× 物镜转至前方，如不小心按下 OK 键而忘记切换物镜，千万不能再转动物镜，必须等待这次加、卸荷结束后方可转动物镜，否则将对仪器造成严重损害。

⑨ 移动目镜的刻线，使两刻线逐步靠拢，当刻线内侧无限接近时（刻线内侧之间处于无光隙的临界状态时），按清零键，这时主屏幕上的 d_1 数值为零，即为术语中的零位。这时就可在测微目镜中测量压痕对角线长度，如果压痕不太清楚，可缓慢上升或下降试台，使之清晰。

⑩ 转动右边的手轮使刻线分开，然后移动目镜左侧鼓轮，使左边的刻线移动，当左边刻线的内侧与压痕的左边外形交点相切时，再移动右边刻线，使其内侧与压痕的右侧外形交点相切，按下测微目镜（11）上测量按钮，对角线长度 d_1 的测量完成；转动测微目镜 90°，以上述的方法测量对角线长度 d_2，按下测量按钮，这时主屏幕显示本次测量的示值和所转换的硬度示值，如果认为测量有误差，可重复上述程序再次测量。

⑪ 第一次试验结束，方可进行第二次试验，按照检定规程要求，第一点压痕不计数，所以第二点压痕的硬度示值作为记入试验次数中的第一次，此时主屏幕状态显示行 NO：01。

⑫ 几次试验后，其测试结果已经储存在仪器内，可储存多组数据。如果需要查看前几次的测量数据，则按显示键，屏幕即可显示出数据和统计结果。然后按 OK 键，仪器回复工作状态。

（2）测定碳钢微区的维氏硬度，并将数据记录在表 6-6 中。

表 6-6　显微维氏硬度测量的实验结果

试样	HV			平均值
	1#	2#	3#	

五、思考与讨论

不同含碳量的钢，它们的硬度有何不同？

内容二　冲击试验

一、实验目的

1. 了解冲击韧性的测定原理、方法。

2. 了解脆性、韧性材料冲击后的断口及冲击吸收能量的区别。

3. 了解含碳量对碳钢韧性的影响。

二、实验原理

一次冲击弯曲试验是测定金属材料冲击韧性的常用方法,用标准试样的冲击吸收能量来表示金属材料的冲击韧性。若采用的是 V 形缺口的标准试样,则冲击吸收能量用 KV 表示;若采用的是 U 形缺口的标准试样,则冲击吸收能量用 KU 表示。因此,常用摆锤式冲击试验来测定标准试样的冲击吸收能量 KV_2。试验时,将具有一定形状和尺寸的金属试样放在冲击试验机的支座上,再将具有一定重量的摆锤提升到一定高度,使其具有一定的势能,然后让摆锤自由下落将试样冲断。摆锤冲断试样时所消耗的能量即为冲击吸收能量 KV_2 [$KV_2 = mg(h_1 - h_2)$]。

摆锤式冲击试验的原理如图 6-9 所示。

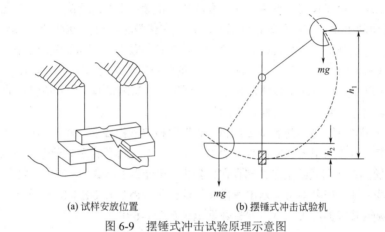

(a) 试样安放位置   (b) 摆锤式冲击试验机

图 6-9　摆锤式冲击试验原理示意图

三、实验设备和材料

1. 主要设备

JB-300W 型微机控制半自动冲击试验机。

2. 主要材料

20#钢、45#钢、T8 钢、铸铁试样。

四、实验内容

1. 冲击试验机(JB-300W 型微机控制半自动冲击试验机)的操作。

(1)系统启动

① 打开软件:打开计算机,双击计算机桌面上的"WinImpact"图标,即可打开软件。

② 打开试验机电源开关。

(2)进行冲击试验

① 单击"新建"按钮,修改试样宽度、厚度后,设定新建试样个数,单击确定按钮。

② 单击"起摆"按钮,此时角度显示板蓝色指针上扬(即摆锤上扬),直到限位,安全销弹出处于保护状态。

③ 放置试样:将试样放于支座上,试样缺口背对于冲击刀刃方向。放置时,可以用试样对中器,也可使用钳子式对中器。如果有送料装置,单击"送料"按钮,送料装置送样到位并返回。

④ 单击"退销"按钮，安全销收起，准备冲击。

⑤ 冲击：单击"冲击按钮"，摆锤下落，冲断试样后，自动起摆。从显示屏读取该试样冲击吸收能量 KV_2，记录试验结果，重复步骤③④⑤，测量下一个样品。

⑥ 所有试样全部完成后，单击"退销"按钮，单击"落摆"按钮，放下摆锤，让摆锤回到铅垂位置。

（3）测量 20#钢、45#钢、T8 钢、铸铁试样的冲击韧性。并将测试的数据记录于表 6-7。

表 6-7　冲击韧性测试结果

试样	KV_2
20#钢	
45#钢	
T8 钢	
铸铁	

（4）注意事项

① 注意安全。当摆锤在扬摆过程中尚未挂于挂摆机构上时，工作人员不得在摆锤摆动范围内活动或工作，以免突然断电后发生危险。

② 当冲击后不能完成"自动扬摆 → 挂摆"等动作时，不要随意按控制器按钮，及时报告指导教师。

2. 观察试样冲断后的断口形貌并描述形貌特征。

3. 实验结果分析：说明含碳量对铁碳合金冲击韧性的影响。

五、思考与讨论

1. 不同含碳量的钢，它们的冲击韧性有何不同？

2. 不同含碳量的钢，它们的冲击断口有何不同？铸铁和低碳钢相比，断口有何不同？

实验十六　材料热导率测定

一、实验目的

1. 学习用稳态法测定不良导体热导率的原理和方法。

2. 掌握热线法测定热导率原理及热导率测定仪的使用方法。

二、实验原理

早在 1882 年，法国科学家 J·傅里叶就提出了热传导定律，目前各种测量热导率的方法都建立在傅里叶热传导定律基础上。

热传导定律指出：如果热量是沿着 z 方向传导，那么在 z 轴上任一位置 Z_0 处取一个垂直截面

积 $\mathrm{d}s$，以 $\mathrm{d}T/\mathrm{d}z$ 表示在 Z 处的温度梯度，以 $\mathrm{d}Q/\mathrm{d}z$ 表示该处的传热速率（单位时间内通过截面积 $\mathrm{d}s$ 的热量），那么热传导定律可表示成：

$$\mathrm{d}Q = -\lambda \left(\frac{\mathrm{d}T}{\mathrm{d}z} \right)_{Z_0} \mathrm{d}s\mathrm{d}t \qquad (6\text{-}12)$$

式中，负号表示热量从高温区向低温区传导（即热传导的方向与温度梯度的方向相反）；比例数 λ 即为热导率，可见热导率的物理意义：在温度梯度为一个单位的情况下，单位时间内垂直通过截面单位面积的热量。利用式（6-12）测量材料的热导率 λ，需解决两个关键的问题：一个是如何在材料内造成一个温度梯度 $\mathrm{d}T/\mathrm{d}z$ 并确定其数值；另一个是如何测量材料内由高温区向低温区的传热速率 $\mathrm{d}Q/\mathrm{d}z$。

1. 关于温度梯度 $\mathrm{d}T/\mathrm{d}z$

为了在样品内造成一个温度的梯度分布，可以把样品加工成平板状，并把它夹在两块良导体——铜板之间，如图 6-10 所示。使两块铜板分别保持在恒定温度 T_1 和 T_2，就可能在垂直于样品表面的方向上形成温度的梯度分布。若样品厚度远小于样品直径（$h \ll D$），由于样品侧面积比平板面积小得多，由侧面散去的热量可以忽略不计，可以认为热量是沿垂直于样品平面的方向上传导，即只在此方向上有温度梯度。由于铜是热的良导体，在达到平衡时，可以认为同一铜板各处的温度相同，样品内同一平行平面上各处的温度也相同。这样只要测出样品的厚度 h 和两块铜板的温度 T_1、T_2，就可以确定样品内的温度梯度 $(T_1 - T_2)/h$。

当然这需要铜板与样品表面紧密接触无缝隙，否则中间的空气层将产生热阻，使得温度梯度测量不准确。

为了保证样品中温度场的分布具有良好的对称性，把样品及两块铜板都加工成等大的圆形。

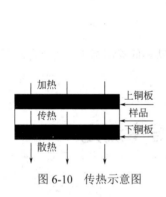

图 6-10 传热示意图

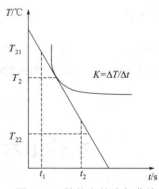

图 6-11 散热盘的冷却曲线

2. 关于传热速率 $\mathrm{d}Q/\mathrm{d}t$

单位时间内通过某一截面积的热量 $\mathrm{d}Q/\mathrm{d}t$ 是一个无法测量的量，我们设法将这个量转换为比较容易测量的量。为了维持一个恒定的温度梯度分布，必须不断地给高温侧铜板加热，热量通过样品传到低温侧铜板，低温侧铜板则要将热量不断地向周围环境散出。当加热速率、传热速率与散热速率相等时，系统就达到一个动态平衡，称为稳态，此时低温侧铜板的散热速率就是样品内的传热速率。这样，只要测量低温侧铜板在稳态温度 T_2 下散热的速率，也就间接测量出了样品内的传热速率。但是，铜板的散热速率也不易测量，还需要进一步作参量转换，我们知道，铜板的散热速率与冷却速率（温度变化率）$\mathrm{d}T/\mathrm{d}t$ 有关，其表达式为：

$$\frac{\mathrm{d}Q}{\mathrm{d}t}\bigg|_{T_2} = -mc\frac{\mathrm{d}T}{\mathrm{d}t}\bigg|_{T_2} \tag{6-13}$$

式中，m 为铜板的质量；c 为铜板的比热容；负号表示热量向低温方向传递。由于质量容易直接测量，c 为常量，这样对铜板的散热速率的测量又转化为对低温侧铜板冷却速率的测量。

铜板的冷却速率可以这样测量：在达到稳态后，移去样品，用加热铜板直接对下铜板加热，使其温度高于稳态温度 T_2（高出 10℃左右），再让其在环境中自然冷却，直到温度低于 T_2，测出温度在大于 T_2 到小于 T_2 区间中随时间的变化关系，描绘出 T-t 曲线（图 6-11），曲线在 T_2 处的斜率就是铜板在稳态温度时 T_2 下的冷却速率。

应该注意的是，这样得出的 $\mathrm{d}T/\mathrm{d}t$ 是铜板全部表面暴露于空气中的冷却速率，其散热面积为 $2\pi R_p^2 + 2\pi R_p h_p$（其中 R_p 和 h_p 分别是下铜板的半径和厚度）。然而，设样品截面半径为 R，在实验中稳态传热时，铜板的上表面（面积为 πR_p^2）是被样品全部（$R=R_p$）或部分（$R<R_p$）覆盖的，由于物体的散热速率与它们的面积成正比，所以稳态时，铜板散热速率的表达式应修正为：

若 $R=R_p$，则

$$\frac{\mathrm{d}Q}{\mathrm{d}t} = -mc\frac{\mathrm{d}T}{\mathrm{d}t} \times \frac{\pi R_p^2 + 2\pi R_p h_p}{2\pi R_p^2 + 2\pi R_p h_p} \tag{6-14}$$

若 $R<R_p$，则

$$\frac{\mathrm{d}Q}{\mathrm{d}t} = -mc\frac{\mathrm{d}T}{\mathrm{d}t} \times \frac{2\pi R_p^2 - \pi R^2 + 2\pi R_p h_p}{2\pi R_p^2 + 2\pi R_p h_p} \tag{6-15}$$

式中，R 为样品的半径；h 为样品的高度；m 为下铜板的质量；c 为铜的比热容；R_p 和 h_p 分别是下铜板的半径和厚度。各项均为常量或直接易测量。

3. 用温差电偶将温度测量转化为电压测量

选用铜-康铜热电偶测温度，温差为 100℃时，其温差电动势约为 4.0 mV。由于热电偶冷端浸在冰水中，温度为 0℃，当温度变化范围不大时，热电偶的温差电动势 ε（mV）与待测温度 T（℃）的比值是一个常数。

4. 热线法测试原理

热线丝法属于非稳态热导率测试法。其中热线法包括十字热线法和平行热线法。平行热线法是国际上一种先进的测试热导率的方法，其测量范围广、精度高，是测试含炭耐火材料热导率的最佳法则。为了提高测量结果的精确度，不但需要精度高的仪器，还要利用多点测试数据线性回归法来处理热线法的测试数据。

热线法测试热导率的基本原理是，一根细长的金属丝埋在初始温度分布均匀的试样内部，突然在金属丝两端加上电压后，金属丝温度升高，其温升速率与试样的导热性能有关。如试样热导率小，热量就不容易散掉，金属丝温度升得又高又快。相反，试样热导率大，则金属丝温度升得小而慢。热线法就是根据这一原理建立起来的，如图 6-12 所示。

探头

图 6-12　热线法热导率测试原理示意图

在线热源的加热作用下，整块模型的温度场是以线热源为轴线对称分布的，因而可以用圆柱体导热微分方程来描述在瞬息热源作用下此热源模型内的温度响应，即描述这一导热过程的数学模型：

$$\rho c \frac{\partial T(r,\ t)}{\partial t} = \lambda \left[\frac{\partial T(r,\ t)}{\partial t^2} + \frac{1}{r} \times \frac{\partial T(r,\ t)}{\partial t} \right] \tag{6-16}$$

式中，ρ 为密度；c 为比热容。设在 $t=0$，$r=0$ 处单位长度上瞬时释放的热量为 q（$\mathrm{J \cdot m^{-1}}$），则方程的解，即试样内的温度分布为：

$$T(r,\ t) = \frac{q}{4\pi\lambda t} \exp\left(-\frac{r^2}{4at} \right) \tag{6-17}$$

如果金属加热丝接通电源后一直以连续恒定功率加热到某一时刻，这时对试样内的温度分布积分，即下式：

$$T(r,\ t) = \frac{q}{4\pi\lambda t} \int_0^1 \frac{1}{t} \exp\left(-\frac{r^2}{4at} \right) \mathrm{d}t \tag{6-18}$$

对上式求导得到下式：

$$\frac{\partial T(r,\ t)}{\partial \ln t} = \frac{q}{4\pi\lambda} \exp\left(-\frac{r^2}{4at} \right) \tag{6-19}$$

对于金属丝本身（$r=0$）的温度随时间变化的规律为：

$$\frac{\partial T(r,\ t)}{\partial \ln t} = \frac{q}{4\pi\lambda} \tag{6-20}$$

由上式看出 $T(r, t)$ 与 $\ln t$ 成线性关系。实验时测量金属加热丝的温度随时间的变化，将数据标在半对数坐标纸上，根据曲线线性段的斜率，代入上式就可算出热导率。或者将数据输入计算机，将 T 对自变量 $\ln t$ 作最小二乘曲线拟合，求得下式：

$$\frac{q}{4\pi\lambda} = \frac{\sum_{i=1}^m T_i \times \ln t_i - \frac{1}{m}\left(\sum_{i=1}^m T_i\right)\left(\sum_{i=1}^m \ln t_i\right)}{\sum_{i=1}^m (\ln t_i)^2 - \frac{1}{m}\left(\sum_{i=1}^m \ln t_i\right)^2} \tag{6-21}$$

根据此式可以计算出热导率 λ。

三、实验设备和材料

1. 主要设备

TC3000 型热导率测试仪、防风箱以及砝码。

2. 主要材料

大理石、玻璃、木板、橡胶板。

四、实验内容

1. 仪器介绍

仪器型号：TC3000，如图 6-13 所示。

测试项目：热导率。

样品尺寸：块状或片状材料，最小边长大于 1cm，最小厚度大于 0.3mm；粉末/胶体/液体，最小用量 50 mL。

图 6-13　TC3000 热导率测试仪

（1）测试类别

固体：陶瓷、橡胶、添加剂、织物、玻璃、纸、药品、塑料、基底材料、热电材料、相变材料、木头、食物、谷物、土壤、岩石；

液体：黏结剂、润滑脂、凝胶、果冻、导热胶、化妆品、黏稠溶剂、石油燃料、化工溶剂、医学制剂、生物制剂、润滑油、冷冻机油、制冷剂、纳米流体；

气体：空气、CH_4、N_2、CO_2、CO，制冷剂 R134a、R12、R22、R123；

（2）热导率范围　0.005 ～20 $W·m^{-1}·K^{-1}$；

（3）温度测试范围　–200～200 ℃；

（4）测试标准　ASTM C1113/C1113M—2009、ASTM D5930—2017、GB/T 10297—2015、GB/T 11205—2009。

2. TE3000 型热导率仪的操作方法

（1）操作步骤

① 打开系统电源：先开主机、后开电脑，系统预热 15min；

② 放置样品：对于块状材料，将传感器夹在两块样品中间（类似于夹心饼干），并在最上方样品上面放置配套的砝码；

③ 打开软件，在启动界面中，单击"检测主机"，连接成功后，确认传感器型号和参数；

④ 在"热导率"页面中,单击"热平衡检测";当温度检测波动度 $\Delta \leqslant \pm 0.05/10\text{min}$ 的时候(常温测量至少静置 3min,如果样品本身温度与室温差异较大,则至少需要静置 10~30min),可认为温度达到平衡;

⑤ 在"热导率"页面中,单击"热导率"测量,选择合适的测试条件或物质名称,单击确定,开始测量;

⑥ 测量完成后,菜单栏保存原始数据(hwsl 文件),数据区域右键保存测量结果(xls 或 txt 格式);

⑦ 依次取下砝码、上层样品、传感器、下层样品,并将传感器回收到保护卡套中,砝码、标样等收回到样品盒中;

⑧ 关掉主机电源、计算机电源,整理实验台,测试结束。

(2)注意事项

① 在样品放置、实验结束后取下样品以及清洗传感器的过程中,全程应小心操作,防止传感器折弯、扯断、负重移动;

② 实验完成后必须要及时取下砝码和样品,传感器可以不拆下,但需要将探头片放回保护卡套内,以防传感器受损。

3. 实验结果分析

实验结果记录按表 6-8 进行。

表 6-8 热导率测量结果

组次	热导率 λ			
	试样 1	试样 2	试样 3	试样 4
1				
2				
3				
4				
5				
平均值				

五、思考与讨论

1. 测热导率 λ 要满足哪些条件?在实验中如何保证?
2. 讨论本实验的误差因素。

实验十七　材料电磁特性测定

一、实验目的

1. 认识铁磁物质的磁化规律,认识典型的铁磁物质动态磁化特性。
2. 测定样品的基本磁化曲线,作 $\mu\text{-}H$ 曲线。

3. 计算样品的 H_c、H_r、B_m 和 H_mB_m 等参数。

4. 测绘样品的磁滞回线，估算其磁滞损耗 W。

二、实验原理

1. 铁磁材料的磁滞现象

铁磁物质是一种性能特异、用途广泛的材料。铁、钴、镍及其众多合金以及含铁的氧化物（铁氧体）均属铁磁物质。其特征是在外磁场作用下能被强烈磁化，故磁导率 μ 很高。另一特征是磁滞，即磁化场作用停止后，铁磁质仍保留磁化状态，图 6-14 所示为铁磁物质磁感应强度 B 与磁化场强度 H 之间的关系曲线。

图 6-14 中的原点 O 表示磁化之前铁磁物质处于磁中性状态，即 $B = H = 0$，当磁场从零开始增加时，磁感应强度 B 随之缓慢上升，如线段 Oa 所示，继之 B 随 H 迅速增长，如 ab 所示，其后 B 的增长又趋缓慢，并当增至 H_S 时，B 到达饱和值，$OabS$ 称为起始磁化曲线，图 6-14 表明，当磁场从 H_S 逐渐减小至零，磁感应强度 B 并不沿起始磁化曲线恢复到 O 点，而是沿另一条新曲线 SR 下降，比较线段 OS 和 SR 可知，H 减小，B 相应也减小，但 B 的变化滞后于 H 的变化，该现象称为磁滞，磁滞的明显特征是当 $H = 0$ 时，B 不为零，而保留剩磁 B_r。

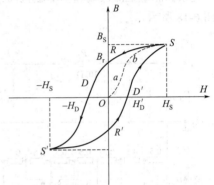

图 6-14　铁磁材料的起始磁化曲线和磁滞回线

当磁场反向从 O 逐渐变至 $-H_D$ 时，磁感应强度 B 消失，说明要消除剩磁，必须施加反向磁场，H_D 称为矫顽力，它的大小反映铁磁材料保持剩磁状态的能力，线段 RD 称为退磁曲线。

图 6-14 还表明，当磁场按 $H_S \rightarrow O \rightarrow -H_D \rightarrow -H_S \rightarrow O \rightarrow H_D' \rightarrow H_S$ 次序变化，相应的磁感应强度 B 则沿闭合曲线 $SRDS'R'D'S$ 变化，这条闭合曲线称为磁滞回线，所以，当铁磁材料处于交变磁场中时（如变压器中的铁芯），将沿磁滞回线反复被磁化→去磁→反向磁化→反向去磁。在此过程中要消耗额外的能量，并以热的形式从铁磁材料中释放，这种损耗称为磁滞损耗。可以证明，磁滞损耗与磁滞回线所围面积成正比。

应该说明，当初始态为 $H = B = 0$ 的铁磁材料，在交变磁场强度由弱到强依次进行磁化，可以得到面积由小到大向外扩张的一簇磁滞回线，如图 6-15 所示。这些磁滞回线顶点的连线称为铁磁材料的基本磁化曲线，由此可近似确定其磁导率 $\mu = B/H$，因 B 与 H 的关系呈非线性，故铁磁材料 μ 的值不是常数，而是随 H 而变化，如图 6-16 所示。铁磁材料相对磁导率可高达数千乃至数万，这一特点是它用途广泛的主要原因之一。

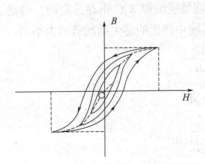

图 6-15　同一铁磁材料的一簇磁滞回线

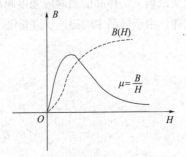

图 6-16　铁磁材料 B 与 H 的关系

可以说磁化曲线和磁滞回线是铁磁材料分类和选用的主要依据，图 6-17 所示为常见的两种典型的磁滞回线。其中软磁材料磁滞回线狭长，矫顽力、剩磁和磁滞损耗均较小，是制造变压器、电机和交流磁铁的主要材料。而硬磁材料磁滞回线较宽，矫顽力大，剩磁强，可用来制造永磁体。

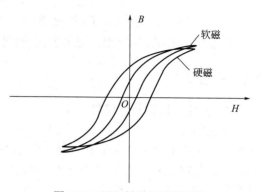

图 6-17　不同材料的磁滞回线

2. 用示波器观察和测量磁滞回线的实验原理和线路

观察和测量磁滞回线和基本磁化曲线的线路如图 6-18 所示。

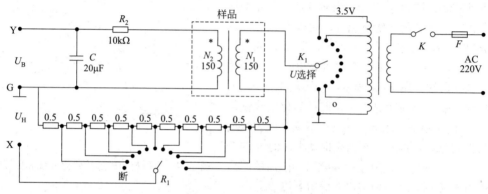

图 6-18　实验原理线路

待测样品 EI 型硅钢片，N_1 为励磁绕组，N_2 为用来测量磁感应强度 B 而设置的绕组。R_1 为磁电流取样电阻。假设通过 N_1 的交流励磁电流为 i，根据安培环路定律，样品的磁化电场为：

$$H = \frac{N_1 i}{L} \tag{6-22}$$

式中，L 为样品的平均磁路长度，其中：

$$i = \frac{U_H}{R_1} \tag{6-23}$$

$$H = \frac{N_1}{LR_1} \times U_H \tag{6-24}$$

式中，N_1、L、R_1 为已知常数，所以由 U_H 可确定 H。

在交变磁场下，样品的磁感应强度瞬时值 B 是测量绕组和 R_2C 电路给定的，根据法拉第电磁感应定律，由于样品中的磁通 φ 的变化，在测量线圈中产生的感生电动势的大小为：

$$\varepsilon_2 = N_2 \frac{\mathrm{d}\varphi}{\mathrm{d}t} \tag{6-25}$$

$$\varphi = \frac{1}{N_2} \int \varepsilon_2 \mathrm{d}t \tag{6-26}$$

$$B = \frac{\varphi}{S} = \frac{1}{N_2 S} \int \varepsilon_2 \mathrm{d}t \tag{6-27}$$

式中，S 为样品的截面积。

如果忽略磁感电动势和电路损耗，则回路方程为：

$$\varepsilon_2 = i_2 R_2 + U_B \qquad (6\text{-}28)$$

式中，i_2 为感生电流；U_B 为积分电容 C 两端电压。

设在 Δt 时间内，i_2 向电容的 C 充电电量为 Q，则：

$$U_B = \frac{Q}{C} \qquad (6\text{-}29)$$

$$\varepsilon_2 = i_2 R_2 + \frac{Q}{C} \qquad (6\text{-}30)$$

如果选取足够大的 R_2 和 C，使 $i_2 R_2 \gg Q/C$，则上式可简化为：

$$\varepsilon_2 = i_2 R_2 \qquad (6\text{-}31)$$

$$i_2 = \frac{dQ}{dt} = C\frac{dU_B}{dt} \qquad (6\text{-}32)$$

$$\varepsilon_2 = CR_2 \frac{dU_B}{dt} \qquad (6\text{-}33)$$

则由式（6-27）和式（6-33）两式可得：

$$B = \frac{CR_2}{N_2 S} U_B \qquad (6\text{-}34)$$

式中，C、R_2、N_2 和 S 为已知常数，所以由 U_B 可确定 B。

综上所述，只要将图 6-18 中的 U_H 和 U_B 分别加到示波器的"X 输入"和"Y 输入"便可观察样品的 *B-H* 曲线，并可用示波器测出 U_H 和 B 值，进而根据式（6-24）和式（6-34）分别计算出 H 和 B；用同样方法，还可求得饱和磁感应强度 B_S、剩磁 R_r、矫顽力 H_D、磁滞损耗 W_{BH} 以及磁导率 μ 等参数。

三、实验设备和材料

1. 主要设备

MATS-2010SD 软磁直流测量装置实验仪（由励磁电源、实验面板等组成）、标准螺线管、专用连接导线。

2. 主要材料

标准环形试样。

四、实验内容

1. 开机

（1）依次打开显示器和工控计算机主机电源，等待操作系统正常启动；

（2）运行 SMTest 软件：鼠标左键单击桌面上的"SMTest"测量软件图标；

（3）测量软件自检后自动跳转到测试主界面；

（4）开启 MATS-2010SD 软磁直流测量装置主机：将主机前面板上的电源开关打开，船形开关位于"ON"（开启主机时，测试夹上请勿连接样品）。

2. 测量操作

（1）样品尺寸测量。闭路样品需测量样品尺寸，如环形试样，需测外径、内径和厚度等样品参数。

（2）样品称重。对样品进行称重，并将试样质量输入测量软件中。

（3）输入样品参数：将测量获得的样品参数，如样品尺寸、密度/叠片系数、质量等参数输入测量软件中。

（4）设置测试方法。仪器支持模拟冲击和磁场扫描法两种测试方法。

（5）设置测试参数。根据样品测试需求，设置测试参数，如：测试磁滞回线、磁化曲线或单独测试一个参数。

（6）设置测试条件。设置磁场步长 H_i、磁感步长 dB、磁场强度 H 和最大退磁强度 H_m 等参数。

（7）连接样品。将样品的初/次级线圈连接到测试夹上，旋转主机前面板上的"Drift ADJ"旋钮，将磁通计读数调整到稳定状态。

（8）按主机前面板上的"Reset"按键，将磁通计表头读数清零。

（9）测试。鼠标左键单击软件界面上的"测试"按钮或按键盘上的"F9"快捷键开始测试。

（10）数据保存。测试完成后鼠标单击"保存"或"另存为"保存测试数据到相应文件夹。

五、实验注意事项

1. 仪器开机后，请将仪器预热 10～15min 后再开始测试操作。

2. 测试前请检查样品的初、次级线圈是否已连接好，是否接反（注：线圈接反可能导致样品线圈、螺线管、爱泼斯坦方圈或磁导计等励磁装置内部的线圈烧毁及仪器的损坏）。

3. 在测试过程中请勿关闭 MATS-2010SD 软磁直流测量装置主机前面板上的电源开关，如遇紧急事务，按键盘上的"ESC"键，退出测试后方可关闭电源开关。

4. 测试过程中出现报警时，请按键盘上的"ESC"键结束 SMTest 测量进程，再按 MATS-2010SD 软磁直流测量装置主机前面板上的"Start"键终止电源输出。

六、思考与讨论

某两种材料的磁滞回线，一个很宽，一个很窄，它们属于哪类磁性材料？分别用于哪种场合？

实验十八　材料介电性能测试

一、实验目的

1. 了解介质极化与介电常数、介质损耗的关系。
2. 了解高频 Q 表的工作原理。
3. 掌握室温下用高频 Q 表测定材料的介电常数和介质损耗角正切值。

二、实验原理

介电特性是电介质材料极其重要的性质。在实际应用中，电介质材料的介电系数和介质损耗是非常重要的参数。例如，制造电容器的材料要求介电系数尽量大，而介质损耗尽量小。相反地，制造仪表绝缘器件的材料则要求介电系数和介质损耗都尽量小。而在某些特殊情况下，则要求材料的介质损耗较大。所以，通过测定介电常数 ε 及介质损耗角正切（$\tan\delta$），可进一步了解影响介质损耗和介电常数的各种因素，为提高材料的性能提供依据。

1. 材料的介电常数

按照物质的电结构的观点，通常物质的电性能只与电子和原子核有关，其中原子核由带正电的质子和不带电的中子组成。物质都是由不同性的电荷构成，而在电介质中存在原子、分子和离子等。当固体电介质置于电场中后，固有偶极子和感设偶极子会沿电场方向排列，结果使电介质表面产生等量异号的电荷，即整个介质显示出一定的极性，这个过程称为极化。极化过程可分为位移极化、转向极化、空间电荷极化以及热离子极化。对于不同的材料、温度和频率，各种极化过程的影响不同。

（1）材料的相对介电常数（ε） 介电常数是电介质的一个重要性能指标，在绝缘技术中，特别是选择绝缘材料或介质储能材料时，都需要考虑电介质的介电常数 ε。此外，由于介电常数取决于极化，而极化又取决于电介质的分子结构和分子运动的形式。所以，通过介电常数随电场强度、频率和温度变化规律的研究，还可以推断绝缘材料的分子结构。

介电常数的一般定义为：某一电介质（如硅酸盐、高分子材料）组成的电容器在一定电压作用下所得到的电容量 C_X 与同样大小的介质为真空的电容器的电容量 C_0 之比值，被称为该电介质材料的相对介电常数。其数学表达式力：

$$\varepsilon = C_X / C_0 \tag{6-35}$$

式中，C_X 为电容器两极板充满介质时的电容；C_0 为电容器两极板为真空时的电容；ε 为电容量增加的倍数，即相对介电常数。

从电容等于极板间提供单位电压所需的电量这一概念出发，相对介电常数可理解为表征电容器储能能力程度的物理量。从极化的观点来看，相对介电常数也是表征介质外电场作用下极化程度的物理量。介电常数的大小表示该介质中空间电荷互相作用减弱的程度。作为高频绝缘材料，相对介电常数 ε 要小，特别是用于高压绝缘时，在制造高压容器时，则要求相对介电常数 ε 要大，特别是小型电容器。

一般来讲，电介质的介电常数不是定值，而是随物质的温度、湿度、外电源频率和电场强度的变化而变化。

（2）材料的介质损耗（$\tan\delta$） 介质损耗是电介质材料基本的物理性质之一。介质损耗是指电介质材料在外电场作用下发热而损耗的那部分能量。在直流电场作用下，介质没有周期性损耗。基本上是稳态电流造成的损耗；在交流电场作用下，介质损耗除了稳态电流损耗外，还有各种交流损耗。由于电场的频繁转向，电介质中的损耗要比直流电场作用时大许多（有时达到几千倍），因此介质损耗通常是指电介质材料的交流损耗。

从电介质极化机理来看，介质损耗包括以下几种：

① 由交变电场换向而产生的电导损耗；

② 由结构松弛而造成的松弛损耗；

③ 由网络结构变形而造成的结构损耗；

④ 由共振吸收而造成的共振损耗。

在工程中，常将介质损耗用介质损耗角的正切值 $\tan\delta$ 来表示。$\tan\delta$ 是绝缘体的无效消耗的能量对有效输入的比例，它表示材料在一周期内热功率损耗与储存之比，是衡量材料损耗程度的物理量。

如果把具有损耗的介质电容器等效为电容器与损耗电阻的并联电路，如图 6-19 所示，则可得：

$$\tan\delta = \frac{1}{\omega RC} \qquad (6\text{-}36)$$

式中，ω 为电源角频率；R 为并联等效交流电阻；C 为并联等效交流电容器。

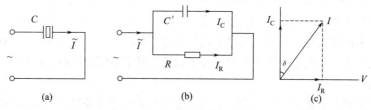

图 6-19　介质损耗的等效电路

凡是体积电阻率小的，其介质损耗就大。介质损耗对于用在高压装置、高频设备，特别是用在高压、高频等地方的材料和器件具有特别重要的意义，介质损耗过大，不仅降低整机的性能，甚至会造成绝缘材料的热击穿。

2. 测量原理、线路及结构特点

通常测量材料介电常数和介质损耗角正切的方法有两种：交流电桥法和 Q 表测量法，其中 Q 表测量法在测量时由于操作与计算比较简便而广泛采用。本实验介绍这种测量方法。

（1）Q 表测量介电常数和介质损耗角正切的原理　Q 表根据串联谐振原理设计，以谐振电压的比值来定位 Q 值。

"Q" 表示元件或系统的"品质因数"，其物理含义是在一个振荡周期内储存的能量与损耗的能量之比。对于电抗元件（电感或电容）来说，即在测试频率上呈现的电抗与电阻之比：

$$Q = \frac{X_L}{R} = \frac{\omega L}{R} = \frac{2\pi f L}{R} \qquad (6\text{-}37)$$

或

$$Q = \frac{X_C}{R} = \frac{1}{\omega CR} = \frac{1}{2\pi f CR} \qquad (6\text{-}38)$$

式中，X_L、X_C 分别为感抗和容抗。图 6-20 所示的串联谐振电路中，所加的信号电压为 U_i，频率为 f，在发生谐振时，有

$$|X_L| = |X_C| \qquad (6\text{-}39)$$

或

$$2\pi f L = \frac{1}{2\pi f C} \qquad (6\text{-}40)$$

回路中电流

$$i = \frac{U_i}{R} \qquad (6\text{-}41)$$

故电容两端的电压为：

$$U_C = i|X_C| = \frac{U_i}{R} \times \frac{1}{2\pi f C} = U_i Q \qquad (6\text{-}42)$$

$$Q = \frac{U_C}{U_i} \qquad (6-43)$$

即谐振时电容上的电压与输入电压之比为 Q。

Q 表就是按上述原理设计的。

（2）Q 表整机工作原理　QBG-3E/F 型 Q 表的工作原理框图如图 6-21 所示。它以 ATM128 单片机作为控制核心，实现对各种功能的控制。DDS（直接数字频率合成）信号源为 Q 值提供了一个优质的高频信号。信号源输出一路送到程控衰减器和自动稳幅放大控制单元，该单元根据 CPU（中央处理器）的指令对信号衰减后，送往信号激励放大器；同时对信号检波后送出一直流控制信号到次级控制信号源，实现自动稳幅。信号激励部分输出送到一个宽带分压器，由分压器反馈给测试调谐回路一个恒定幅度的信号。当测试回路处于谐振状态时，在调谐电容 C_T 两端的信号幅度将是分压器提供的信号幅度的 Q 倍，在 C_T 两端取得的调谐信号被信号放大单元适当放大后，送到检波和数字取样单元，检波后送到控制中心 CPU 去进行数据处理。

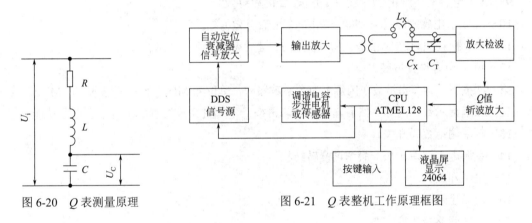

图 6-20　Q 表测量原理　　　　　图 6-21　Q 表整机工作原理框图

（3）本实验介电常数及介质损耗主机前面板各功能键说明（图 6-22）

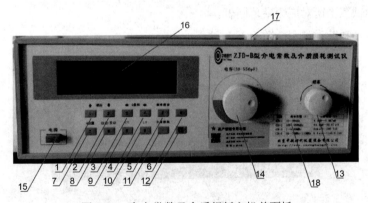

图 6-22　介电常数及介质损耗主机前面板

1—工作频段选择/数字键 1，每按一次，切换至低一个频段工作；先按 12 键后，再按此键，功能为数字键 1。

2—工作频段选择/数字键 2，每按一次，切换至高一个频段工作；先按 12 键后，再按此键，功能为数字键 2。

3—Q 值量程递减（手动方式时有效）/数字键 3；先按 12 键后，再按此键，功能为数字键 3。

4—Q 值量程递增（手动方式时有效）/数字键 4；先按 12 键后，再按此键，功能为数字键 4。

5—谐振点频率搜索/数字键 5，按此键显示屏第四行左部出现 SWEEP 时，表示仪器正工作在频率自动搜索被测量器件的谐振点，如需退出搜索，再按此键；先按 12 键后，再按此键，功能为数字键 5。

6—数字键 6，直接按是电容自动搜索；先按 12 键后，再按此键，功能为数字键 6。

7—Q 值合格范围比较值设定/数字键 7，按此键后，显示屏第三行右部出现 COMP 字符，当 Q 合格时，显示 OK，并同时鸣响蜂鸣器，Q 不合格时，显示 NO。设置 Q 值合格范围详细说明见后页。先按 12 键后，再按此键，功能为数字键 7。

8—Q 值量程自动/手动控制方式选择/数字键 8，按此键后，显示屏第四行左部出现对应的指示：AUTO（自动），MAN（手动）；先按 12 键后，再按此键，功能为数字键 8。

9—Ct 大电容直接测量/数字键 9（先按 12 键后有效）。

10—Lt 残余电感扣除/数字键 0（先按 12 键后有效）。

11—介质损耗系数测量/小数点键（先按 12 键后有效）。

12—频率/电容设置按键。

第一次按下（频率指示数在闪烁）为频率数输入，单位为 MHz。例：要输入 79.5MHz，按一次此键，频率指示数在闪烁，然后输入 79.5，再按一下此键完成设置（没有电容设置功能）。

13—频率调谐数码开关。

14—主调电容调谐（长寿命调谐慢转结构）。

15—电源开关。

16—液晶显示屏。

17—测试回路接线柱。

左边两个为电感接入端，右边两个为外接电容接入端。

18—电感测试范围所对应频率范围表。

（4）后面板各功能键说明（图 6-23）

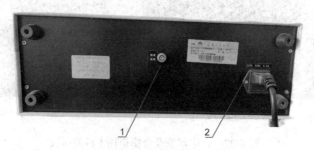

图 6-23　介电常数及介质损耗主机后面板示意图

1—交流 220V 电源输入三芯插座，内含保险丝 0.5A/220V。

2—信号源工作频率监测输出端（阻抗 1 kΩ）。

三、实验设备和材料

1. 主要设备

QBG-3E/F 高频 Q 表；S916 测试夹具；电感组 LKI-1，电感量 1.5μH、100μH 各一只，特种铅笔或导电银浆。

2. 主要材料

圆形聚四氟乙烯片，厚度 2mm ± 0.05mm，直径为 ϕ40mm ± 0.1mm。

四、实验内容

1. 介电常数测试方法与步骤

（1）把 S916 测试夹具装置上的插头插入主机测试回路的"电容"两个端子上，如图 6-24 所示。

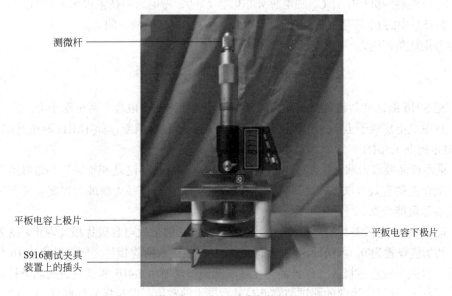

测微杆

平板电容上极片

平板电容下极片

S916测试夹具
装置上的插头

图 6-24　S916 测试夹具装置

（2）在主机电感端子上插上和测试频率相适应的高 Q 值电感线圈（主机配套使用的 LKI-1 电感组能满足要求），如 1 MHz 时电感取 l00 μH，15 MHz 时电感取 1.5μH。

（3）调节 S916 测试夹具的测微杆，使 S916 测试夹具的平板电容极片相接为止，按 ZERO 清零按键，初始值设置为 0。

（4）再松开两片极片，把被测样品夹入平板电容下极片之间，调节 S916 测试夹具的测微杆，直到平板电容极片夹住样品为止（注意调节时要用 S916 测试夹具的测微杆，以免夹得过紧或过松），这时能读取的测试装置液晶显示屏上的数值，即是样品的厚度 D_2。改变主机上的主调电容容量（旋转主调电容旋钮改变主调电容的电容量），使主机处于谐振点（Q 值最大值）上。

（5）取出 S916 测试夹具中的样品，这时主机又失去谐振（Q 值变小），此时调节 S916 测试夹具的测微杆，使主机再回到谐振点（Q 值最大值）上，读取测试装置液晶显示屏上的数值记为 D_4。

（6）计算被测样品的介电常数：

$$\varepsilon = D_2 \Big/ D_4 \qquad\qquad (6\text{-}44)$$

2. 介质损耗测试方法与步骤

分布容量的测试方法如下：

（1）选一个适当的谐振电感接到"L_X"的两端；

（2）将调谐电容器调到最大值左右，令这个电容为 C_3；

（3）按下仪器面板的频率搜索键，使测试间路谐振，谐振时 Q 的读数为 Q_3；

（4）将测试夹具接在"C_X"两端，放入材料，测出材料厚度后取出材料，调回到测出的衬料厚度，调节主调电容，使测试电路重新谐振，此时可变电容器值为 C_4，Q 值读数为 C_4。

机构电容的有效电容为：

$$C_X = C_3 - C_4 \qquad\qquad (6\text{-}45)$$

注：分布电容为机构电容 C_X 和电感分布电容 C_0（参考电感的技术说明）的和。

式（6-35）中的 C_0 只是电感的分布电容值，不是主机软件显示的 C_0。

电容器损耗角正切为：

$$\tan\delta = \frac{Q_1 - Q_2}{Q_1 Q_2} \times \frac{C_1 + C_X + C_0}{C_1 - C_2} \qquad\qquad (6\text{-}46)$$

（5）把 S916 测试夹具装置上的插头插入主机测试回路的"电容"两个端子上。

（6）在主机电感端子上插上和测试频率相适应的高值电感线圈，如 1MHz 时电感取 100μH，15MHz 时电感取 1.5μH。

（7）被测样品要求为圆形，直径 50.4～52mm/38.4～40mm，这是减小因样品边缘泄漏和边缘电场引起的误差的有效办法。样品厚度可在 1～5mm 之间，样品太薄或太厚就会使测试黏度下降，样品要尽可能平直。

（8）调节 S916 测试夹具的测微杆，使 S916 测试夹具的平板电容极片相接为止，按 ZERO 清零按键，初始值设置为 0。再松开两片极片，把被测样品夹入两片极片之间，调节 S916 测试夹具的测微杆，直到平板电容极片夹住样品为止（注意调节时要用 S916 测试夹具的测微杆，以免夹得过紧或过松），这时能读取的测试装置液晶显示屏上的数值，即是样品的厚度 D_2，改变主机上的主调电容容量，使主机处于谐振点（Q 值最大值）上，然后按一次主机上的小数点（$\tan\delta$）键，在显示屏上原电感显示位置上将显示 $C_0=\times\times\times$，记住厚度 D_2 的值。

（9）取出 S916 测试夹具中的样品（保持 S916 测试夹具的平板电容极片之间距离不变），这时主机又失去谐振（Q 值变小）。再改变主机上的主调电容，使主机重新处于谐振点（Q 值最大值）上。

（10）第二次按下主机上的小数点（$\tan\delta$）键，显示屏上原 C_2 和 Q_2 显示变化为 C_1 和 Q_1，同时显示介质损耗系数 $tn=\times\times\times\times\times$，即完成测试。

（11）出错提示，当出现 $tn=NO$ 显示时，说明测试时出现了差错，发生了 $Q_1 \leqslant Q_2$ 和 $C_1 \leqslant C_2$ 的错误情况。

（12）测试结束，关闭电源。

3. 测试注意事项

（1）本仪器应水平安放。

（2）如果需要较精确地测量，请接通电源后，预热 30 min。

（3）调节主调电容或主调电容数码开关时，当接近谐振点时请缓慢调节。

（4）被测件和测试电路接线柱间的接线应尽量短，足够粗，并应接触良好、可靠，以减少因接线的电阻和分布参数所带来的测试误差。

（5）完整记录数据并计算ε、$\tan\delta$值。

五、思考与讨论

1. 测试环境对材料的介电常数和介质损耗角正切值有何影响，为什么？

2. 试样厚度对介电常数的测量有何影响，为什么？

3. 电场频率对极化、介电常数和介质损耗有何影响，为什么？

第七章 >>>
材料微观结构与成分分析

实验十九　金相试样的制备

一、实验目的

1. 了解金相试样的制备过程。
2. 掌握金相试样的制备技术。

二、实验原理

为了在金相显微镜下确切地、清楚地观察到金属内部的显微组织，金属试样必须进行精心的制备。试样制备过程包括取样、镶嵌、磨制、抛光、浸蚀等工序。

1. 取样原则

取样部位及观察面的选择，必须根据被分析材料或零件的失效特点、加工工艺的性质以及研究的目的等因素来确定。

例如，研究铸造合金时，由于它的组织不均匀，应从铸件表面、中心等典型区域分别切取试样，全面地进行金相观察。

研究零件的失效原因时，应在失效的部位取样，并在完好的部位取样，以便作比较性的分析。

对于轧材，如研究材料表层的缺陷和非金属夹杂物的分布时，应在垂直轧制方向上切取横向试样；研究夹杂物的类型、形状、材料的变形程度、晶粒被拉长的程度、带状组织等，应在平行于轧制方向上切取纵向试样。

在研究热处理后的零件时，因为组织较均匀可自由选取断面试样。对于表面热处理后的零件，要注意观察表面情况，如氧化层、脱碳层、渗碳层等。

取样时，要注意取样方法，应保证不使试样被观察面的金相组织发生变化。对于软材料可用锯、车等方法；硬材料可用水冷砂轮切片机切取或电火花线切割机切割；硬而脆的材料（如白口铸铁），可用锤击；大件可用氧气切割，等等。

试样尺寸不要太大，一般以高度为 10～15 mm，观察面的边长或直径为 15～25 mm 的方形或圆柱形较为合适。

2. 试样的镶嵌

一般试样不需镶样。尺寸过于细小，如细丝、薄片、细管或形状不规则，以及有特殊要求（例如要求观察表层组织）的试样，制备时比较困难，则必须把它镶嵌起来。镶样方法很多，有低熔点合金的镶嵌、电木粉镶嵌、环氧树脂镶嵌、夹具夹持法等。目前一般多用电木粉镶嵌，采用专门的镶样机。用电木粉镶嵌时要加一定的温度和压力，会使马氏体回火和软金属产生塑性变形。为避免这种情况，可改用夹具夹持法。

可以用环氧树脂加固化剂来镶嵌试样，其配方如下：环氧树脂 100g，邻苯二甲酸二甲酯 8g，乙二胺 8g。但必须固化 7～8 h 后方可使用。

3. 试样的磨制

（1）粗磨　软材料（有色金属）可用锉刀锉平。一般钢铁材料通常在磨平机上磨平。打磨过程中，试样要不断用水冷却，以防温度升高引起试样组织变化。试样边缘需要倒角，以免在细磨及抛光时划破砂纸或抛光布。

（2）细磨　细磨有手工磨和机械磨两种。手工磨是手持试样，在金相砂纸上手工磨平。砂纸分为干砂纸（金相砂纸）和水砂纸两种。金相砂纸通常用于手工磨光，水砂纸用于机械磨光，即在磨光过程中需要用水、汽油、柴油的润滑冷却剂冷却。砂纸上的磨料主要为 SiC、Al_2O_3 等，按照磨料颗粒的粗细尺寸来对砂纸进行编号，常用的砂纸编号为：180 号、240 号、400 号、600 号、800 号、1000 号、1200 号、1500 号、2000 号等，号数越大，砂纸越细。细磨时，依次从粗砂纸磨至细砂纸。必须注意，每更换一道砂纸时，应将试样的磨制方向调转 90°，即与上一道磨痕方向垂直。在磨制软材料时，可在砂纸上涂一层润滑剂，如机油、汽油、甘油、肥皂水等，以免砂粒嵌入试样磨面。

4. 试样的抛光

细磨后的试样还需进行抛光，目的是去除细磨时遗留下的磨痕，以获得光亮而无磨痕的镜面。试样的抛光有机械抛光、电解抛光和化学抛光等方法。

（1）机械抛光　机械抛光在专用抛光机上进行。抛光机主要由一个电动机和被带动的一个或两个抛光盘组成，转速连续可调至 $1000r \cdot min^{-1}$。抛光盘上放置不同材质的抛光布。粗抛时常用帆布或粗呢，精抛时常用绒布、细呢或丝绸，抛光时在抛光盘上不断滴注抛光液，抛光液一般采用 Al_2O_3、MgO 或 Cr_2O_3 等粉末（粒度为 0.3 ～1 μm）在水中的悬浮液（如每升水中加入 Al_2O_3 粉末 5 ～10 g），或在抛光盘上涂以由极细金刚石粉制成的膏状抛光剂。抛光时应将试样磨面平压在旋转的抛光盘上，且用力均匀。压力不宜过大，并沿盘的边缘到中心不断作径向往复移动。抛光时间不宜过长，试样表面磨痕全部消除而呈光亮的镜面后，抛光即可停止。试样用水冲洗干净，然后进行浸蚀，或直接在显微镜下观察。

（2）电解抛光　电解抛光时把磨光的试样浸入电解液中，接通试样（阳极）与阴极之间的电源（直流电源）。阴极为不锈钢板或铅板，并与试样抛光面保持一定的距离。当电流密度足够大时，试样磨面即产生选择性的溶解，靠近阳极的电解液在试样表面上形成一层厚度不均的薄膜。由于薄膜本身具有较大电阻，并与其厚度成正比，如果试样表面高低不平，则突出部分薄膜的厚度要比凹陷部分的薄膜厚度薄些。因此突出部分电流密度较大，溶解较快，试样最后形成平坦光滑的表面。

电解抛光用的电解液一般由以下三种成分组成：

① 氧化性酸，是电解液的主要成分，如过氯酸、铬酸和正磷酸等；

② 溶媒，用以冲淡酸液，并能溶解在抛光过程中磨面所产生的薄膜，如酒精、醋酸酐和冰

醋酸等；

③ 一定量的水。

（3）化学抛光 化学抛光的实质与电解抛光类似，也是一个表层溶解过程，但化学抛光完全依靠化学溶剂对于不均匀表面所产生的选择性溶解来获得光亮的抛光面。化学抛光操作简便，将试样浸在抛光液中，或用棉花蘸取抛光液，在试样磨面上来回擦拭。化学抛光兼有化学浸蚀的作用，能显示金相组织。因此试样经化学抛光后可直接在显微镜下观察。

除观察试样中某些非金属夹杂物或铸铁中的石墨等情况外，金相试样磨面经抛光后，还须进行浸蚀。

常用化学浸蚀法来显示金属的显微组织。对不同的材料，显示不同的组织，可选用不同的浸蚀剂。常用浸蚀剂见表 7-1～表 7-3。

表 7-1 钢和铸铁的常用浸蚀剂

序号	浸蚀剂名称	成分	浸蚀条件	用途
1	硝酸、酒精溶液	HNO_3：2～5 mL 乙醇：加到 100 mL	浸蚀数秒到 1min	浸蚀各种热处理或化学热处理后的铸铁、碳钢和低合金钢
2	苦味酸、酒精溶液	苦味酸：5 g 乙醇：100 mL	浸蚀数秒到 1min	浸蚀各种热处理或化学热处理后的铸铁、碳钢和低合金钢
3	碱性、苦味酸钠溶液	NaOH：25 g 苦味酸：2 g H_2O：100 mL	加热到 100℃使用，浸蚀 5～25min，浸蚀后慢冷	显示钢中的碳化物，碳化物被染成黑色
4	硫酸铜、氯化铜、氯化镁溶液	$CuSO_4$：1.25 g $CuCl_2$：2.5 g $MgCl_2$：10 g HCl：2 g H_2O：100 mL 乙醇：加到 1000 mL	浸入法浸蚀	显示渗氮零件的氮化层及过渡层组织

表 7-2 合金钢的常用浸蚀剂

序号	浸蚀剂名称	成分	浸蚀条件	用途
1	混合酸甘油溶液	HNO_3：10 mL HCl：20～30 mL 甘油：20～30 mL	用时稍加热	显示高速钢、高锰钢、镍镉合金等组织
2	氯化铁、盐酸水溶液	$FeCl_3$：5 g HCl：50 mL H_2O：100 mL	浸蚀 1～2min	显示奥氏体镍钢及不锈钢的组织
3	硫酸铜、盐酸水溶液	$CuSO_4$：4 g HCl：20 mL H_2O：20 mL	用时稍加热	显示不锈钢组织
4	硝酸、醋酸混合酸	HNO_3：30 mL 醋酸：20 mL	擦拭法浸蚀	用于显示不锈钢合金及高镍高合金组织

表 7-3 有色金属的常用浸蚀剂

序号	浸蚀剂名称	成分	浸蚀条件	用途
1	过硫酸铵水溶液	$(NH_4)_2S_2O_8$：10 g H_2O：90 mL	冷热使用均可	铜、黄铜、青铜、铝青铜
2	氯化铁、盐酸水溶液	$FeCl_3$：5 g HCl：50 mL H_2O：100 mL	擦拭法浸蚀	铜、黄铜、铝青铜、磷青铜

序号	浸蚀剂名称	成分	浸蚀条件	用途
3	氢氟酸、盐酸水溶液	HF：10 mL HCl：15 mL H_2O：90 mL	浸蚀 10～20s	铝及铝合金
4	硝酸水溶液	HNO_3：25 mL H_2O：75 mL	60～70℃热浸蚀	铝及铝合金
5	草酸溶液	草酸：2 g H_2O：98 mL	揩拭法浸蚀 2～5s	显示铸造及形变后镁合金组织
6	硝酸、醋酸溶液	HNO_3：50 mL 醋酸酐：50 mL	浸蚀 5～20s	纯镍、铜镍合金。 镍质量分数低于 25%的镍合金，浸蚀剂需加 25%～50%（体积分数）丙酮稀释
7	硝酸、酒精溶液	HNO_3：2～5 mL 乙醇：100 mL	浸蚀数分钟	锡及锡合金
8	5%盐酸水溶液	HCl（1.49 g/mL）：15 mL H_2O：95 mL	浸蚀 1～10min	锌及锌合金
9	王水	HNO_3：10 mL HCl：30 mL	热浸蚀 1～2min	显示金、银及其合金的组织

浸蚀时可将试样磨面浸入浸蚀剂中，也可用棉花蘸浸蚀剂擦拭表面。浸蚀的深浅根据组织的特点和观察时的放大倍数来确定。高倍观察时，浸蚀要浅一些，低倍略深一些。单相组织浸蚀重一些，双相组织浸蚀轻些。一般浸蚀到试样磨面稍发暗时即可。浸蚀后用水冲洗。必要时再用酒精清洗，最后用吸水纸（或毛巾）吸干，或用吹风机吹干。

三、实验设备和材料

1. 主要设备

镶嵌机、倒置金相显微镜、钢锯、磨平机、研磨抛光机。

2. 主要材料

砂纸、抛光布、抛光膏、PVC（聚氯乙烯）粉料、45#钢一块。

四、实验内容

1. 截取 10 mm×10 mm×10 mm 的 45#钢（退火态）试样一块。

2. 将该金属试样在磨平机上打磨，除去表面氧化皮、毛刺并倒角。

3. 将金属试样采用镶嵌机进行热镶嵌。

4. 将镶嵌好的金属试样在抛磨机上进行粗磨、细磨，磨制时依次选用 280 号、400 号、600号、800 号、1200 号水砂纸。

5. 将磨好的试样用抛光布进行抛光，去除磨制时在试样表面留下的磨痕。

6. 采用 4%硝酸酒精对试样表面进行浸蚀，数秒后用自来水冲洗干净，最后用吹风机冷风吹干。

7. 利用金相显微镜观察并拍摄所制备试样的显微组织。

五、实验注意事项

1. 镶嵌金属试样时，按树脂粉包装上的说明正确设定温度和保温时间。

2. 打磨试样时要将金相试样拿稳放平，以免试样飞出伤人。

3. 实验所用浸蚀剂具有一定的腐蚀性，操作时要戴乳胶手套。

实验二十　碳钢的显微组织观察

内容一　碳钢平衡组织显微观察

一、实验目的

1. 学会观察和识别铁碳合金在平衡状态下的显微组织。
2. 了解碳钢成分、组织和性能之间的对应关系。
3. 掌握金相显微镜的构造及使用方法。

二、实验原理

1. 铁碳合金的平衡组织

利用金相显微镜观察金属组织和缺陷的方法称为显微分析，在显微镜下看到的组织称为显微组织。所谓平衡组织是指合金在极其缓慢的冷却条件下所得到的组织。如退火状态的组织是接近平衡状态的组织。

铁碳合金在室温时的组织均由铁素体和渗碳体两相组成，但由于其含碳量不同，铁素体相和渗碳体相的相对数量、形态及分布等均有所不同，从而呈现各种不同的组织形态，其基本特征如下所述。

（1）铁素体（F）　铁素体是碳溶于 α-Fe 中的间隙固溶体，塑性良好，硬度较低（50～80 HBW），用 4%硝酸酒精溶液浸蚀后，在显微镜下呈白色块状。当含碳量接近共析成分时，铁素体往往呈断续的网状，分布在珠光体的周围。

（2）渗碳体（Fe_3C）　渗碳体是铁与碳所形成的间隙式化合物，含碳量为 6.69%。渗碳体的硬度很高，达 800 HBW 以上；脆性很大，强度和塑性很差；抗浸蚀能力较强，经 4%硝酸酒精溶液浸蚀后呈白亮色，若用苦味酸钠溶液热浸蚀，则被染成黑褐色，而铁素体仍呈现白色，从而可区别开铁素体和渗碳体。

按照成分和形成条件的不同，渗碳体可以呈现不同的形态：

一次渗碳体（Fe_3C_I）直接由液体中析出，在白口铸铁中呈粗大的条片状；

二次渗碳体（Fe_3C_{II}）从奥氏体中析出，往往呈网络状沿奥氏体晶界分布；

三次渗碳体（Fe_3C_{III}）由铁素体中析出，通常呈不连续薄片状存在于铁素体晶界处，数量极微，可忽略不计。

（3）珠光体（P）　珠光体是铁素体和渗碳体所组成的机械混合物，有片状和球状两种，硬度为 190～230 HBW。

① 片状珠光体：经一般退火处理得到，由铁素体与渗碳体相互交替排列形成的层片状组织。

用硝酸酒精溶液浸蚀后，在不同放大倍数的显微镜下观察，分别呈现出黑色块状、层片状和条片状。

② 球状珠光体：共析钢或过共析钢经球化退火后，得到球状珠光体。用硝酸酒精浸蚀后，球状珠光体为白亮色铁素体基体上均匀分布着白色渗碳体小颗粒。

（4）莱氏体（Le'） 在室温时，莱氏体是珠光体和渗碳体的机械混合物。经硝酸酒精浸蚀，其显微组织特征是白亮色的渗碳体基体上均匀分布着许多暗黑色斑点状及细条状的珠光体。莱氏体硬度高，达 700 HBW 以上，脆性大。

2. 金相显微镜的基本原理

众所周知，放大镜是最简单的一种光学仪器，它实际上是一块会聚透镜（凸透镜），可以将物体放大。金相显微镜不像放大镜那样由单个透镜组成，而是由两级特定透镜所组成。靠近被观察物体的透镜称为物镜，而靠近眼睛的透镜称为目镜。借助物镜与目镜的两次放大，就能将物体放大很高的倍数（约 200 倍）。图 7-1 所示为金相显微镜的光学原理。

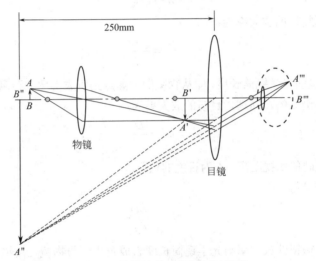

图 7-1　显微镜的成像原理示意图

其放大作用主要由焦距很短的物镜和焦距较长的目镜来完成。显微镜的目镜和物镜都是由透镜组构成的复杂的光学系统，其中物镜的构造尤为复杂。为了便于说明，图 7-3 中的物镜和目镜都简化为单透镜。物体 AB 位于物镜的前焦点外但很靠近焦点的位置上，经过物镜形成一个倒立的放大实像 A'B'，这个像位于目镜的物方焦距内但很靠近焦点的位置上，作为目镜的物体。目镜将物镜放大的实像再放大成虚像 A"B"，位于观察者的明视距离处，供眼睛观察，在视网膜上成最终的实像 A'"B'"。

透镜成像规律是依据近轴光线得出的结论。近轴光线是指与光轴接近平行（即夹角很小）的光线。由于物理条件的限制，实际光学系统的成像与近轴光线成像不同，两者存在偏离，这种相对于近轴成像的偏离称为像差。像差的产生降低了光学仪器的精确性。按产生原因，像差可分为两类：一类是单色光成像时的像差，称为单色像差，如球差、慧差、像散、像场弯曲和畸变均属单色像差；另一类是多色光成像时，由于介质折射率随光的波长不同而引起的像差，称为色差。色差又可分为位置色差和放大率色差。

透镜成像的主要缺陷就是球面像差和色差（波长差）。球面像差是指由于球面透镜的中心部分和边缘部分的厚度不同，造成不同折射现象，致使来自试样表面同一点上的光线经折射后不能聚集于一点，因此使映像模糊不清。球面像差的程度与光通过透镜的面积有关，光圈放得越大，光线通过透镜的面积越大，球面像差就越严重；反之，缩小光圈限制边缘光线射入，使用通过透镜中心部分的光线，可减小球面像差。但光圈太小，也会影响成像的清晰度。色差的产生是由于白光中各种不同波长的光线在穿过透镜时折射率不同而造成的，其中紫色光线的波长最短，折射率最大，在距透镜最近处成像；红色光线的波长最长，折射率最小，在距透镜最远处成像；其余的黄、绿、蓝等光线则在它们之间成像。这些光线所成的像不能集于一点，而呈现带有彩色边缘的光环。色差的存在也会降低透镜成像的清晰度，应予以校正，通常采用单色光源（或加滤光片），也可使用复合镜，来校正色差。

显微镜的质量主要取决于放大倍数、物镜的分辨率及显微镜的有效放大倍数。

（1）显微镜的放大倍数　显微镜的放大倍数 M 等于物镜的线放大率 m_1 与目镜的角放大率 m_2 的乘积，即：

$$M=m_1m_2 \tag{7-1}$$

据几何光学得到物镜的放大率为：

$$m_1 = -\frac{L}{f_1} \tag{7-2}$$

式中，L 为显微镜的光学镜筒长度，即从物镜的后焦点到所成实像的距离；f_1 为物镜的焦距，负号表示所成的像是倒立的。同理，目镜的放大率为：

$$m_2 = \frac{D}{f_2} \tag{7-3}$$

式中，D 为人眼睛的明视距离；f_2 为目镜的焦距。

将上式进行整理可得：

$$M=-\frac{LD}{f_1f_2} \tag{7-4}$$

由上式可知，显微镜的放大率与光学镜筒长度 L 成正比，与物镜、目镜的焦距成反比。

通常物镜、目镜的放大率都刻在镜体上，显微镜的总放大率可以由式（7-1）算出。由于物镜的放大率是在一定的光学镜筒长度下得出的，因而同一物镜在不同的光学镜筒长度下其放大率是不同的。有的显微镜由于设计镜筒较短，在计算总放大率时，需要乘以一个系数。

（2）物镜的分辨率及显微镜的有效放大倍数　物镜的分辨率用它能清晰地分辨试样上两点间的最小距离 d 表示。分辨率决定了显微镜分辨试样上细节的程度。前面已经提到，显微镜的物镜是使物体放大成一实像，目镜的作用是使这个实像再次放大；这就是说目镜只能放大物镜已分辨的细节，物镜未能分辨的细节，决不会通过目镜放大而变得可分辨。因此，显微镜的分辨率主要取决于物镜的分辨率。金相显微镜的分辨率最高只能达到物镜的分辨率，故物镜的分辨率又称为显微镜的分辨率。

物镜分辨率的表达式为：

$$d = \frac{\lambda}{2N.A.} \tag{7-5}$$

式中，λ 为入射光的波长；$N.A.$ 为物镜的数值孔径。

数值孔径 $N.A.$ 的大小表征了物镜的聚光能力，它是金相显微镜一个很重要的参数。$N.A.$ 值越大，物镜聚光能力越强，从试样上反射时入物镜的光线越多，从而提高了物镜的分辨能力。

可见，*N.A.*越大或λ越小，物镜的分辨能力越高。

在显微镜中保证物镜分辨率充分利用时所对应的显微镜的放大倍数，称为显微镜的有效放大倍数，用 $M_{有效}$ 表示。

$$M_{有效}=(0.3\sim0.6)\frac{N.A.}{\lambda} \tag{7-6}$$

注：人眼在明视距离（250 mm）处的分辨率为 0.15～0.30 mm。

由此可知，显微镜的有效放大倍数由物镜的数值孔径和入射光的波长决定。已知有效放大倍数就可正确选择物镜与目镜的组合，充分发挥物镜的分辨能力而不致造成虚放大。

三、实验设备和材料

1. 主要设备

DMM-400C 倒置金相显微镜。

2. 主要材料

金相试样（工业纯铁、20#钢、45#钢、T8 钢和 T12 钢）。

四、实验内容

1. 了解金相显微镜原理、构造，学习金相显微镜操作使用方法。

（1）DMM-400C 倒置金相显微镜的构造　金相显微镜通常由光学系统、照明系统和机械系统三大部分组成（图 7-2）。

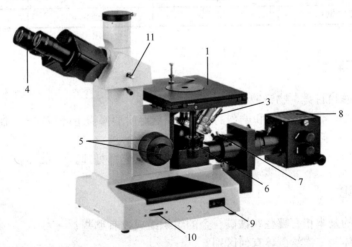

图 7-2　DMM-400C 倒置金相显微镜的构造

1—载物台；2—底座；3—物镜；4—目镜；5—粗调焦、微调焦手轮；
6—载物台调节手轮；7—视场光阑；8—光源；9—电源开关；10—光线调节旋钮；11—分光拉杆

光学系统：由光源、反光镜、物镜组、目镜及多组聚光镜组组成。

照明系统：由安装在底座上的低压灯泡、聚光镜、反光镜、孔径光阑、安装在支架上的视场光阑和另一聚光镜组成。

机械系统：由载物台（试样台）、物镜转换器（安装多个物镜）、目镜筒（接目镜）、粗调焦和微调焦手轮、视场光阑（调节视域大小）和光线调节旋钮组成。

（2）DMM-400C 倒置金相显微镜的操作方法

① 接通电源，打开电源开关。

② 调整两目镜的中心距，使之与观察者两眼瞳孔距相适应，同时转动目镜调节圈，使其示值与瞳孔距示值一致，否则影响成像质量及齐焦性能。

③ 将一个金相试样放置在载物台上，试验面朝下，此时应选择适宜孔径的载物片，并使物镜位于载物片孔的中心。

④ 转动粗调焦手轮，在即将见到所观察试样的像时（对焦），视场会突然变亮，再调至见到所观察试样的像；然后转动微调焦手轮，直至图像清晰。可以调节载物台调节手轮，移动载物台（移动试样），观察不同的视场。

⑤ 拨动视场光阑，使光阑缩小，直至视场中出现比目镜视场光阑略小的可变光阑像。

⑥ 旋动底座上的光线调节旋钮，获得最理想亮度的图像。

⑦ 在目镜中获得理想的金相图像后，向外拉动分光拉杆，图像切到摄像头，通过摄像头传递给电脑，拍摄得到金相试样微观组织的电子照片。

2. 观察表 7-4 中所列样品的显微组织，拍摄所观察样品的显微组织照片，并在组织照片上注明材料、处理工艺（如退火、正火、淬火、回火等）、放大倍数、浸蚀剂、组织名称等。

表 7-4　金相样品材料、工艺及组织

序号	材料	处理工艺	显微组织	浸蚀剂
1	工业纯铁	退火	F	4%硝酸酒精
2	20#钢	退火	F+P	4%硝酸酒精
3	45#钢	退火	F+P	4%硝酸酒精
4	T8 钢	退火	P	4%硝酸酒精
5	T12 钢	退火	P+ Fe_3C_{II}	4%硝酸酒精

五、实验注意事项

1. 不能用手触摸目镜、物镜镜头及试样观察面。

2. 操作要细心，不得有粗暴和剧烈的动作，调焦距时要慢慢下降载物台，使试样接近物镜，但不要碰到物镜，以免磨损物镜，划伤试样表面。

3. 显微镜使用中出现故障和问题，应立即报告指导老师处理。

六、思考与讨论

1. 铁碳合金的基本相有哪些？铁碳合金的组织组成物有哪些？

2. 共析渗碳体与二次渗碳体有何区别？

3. 珠光体组织在低倍观察和高倍观察时有何不同？为什么？

内容二　碳钢非平衡组织显微观察

一、实验目的

1. 认识碳钢非平衡组织的显微特征。

2. 了解热处理工艺对碳钢组织和性能的影响。

二、实验原理

碳钢经退火可得到平衡或接近平衡组织,而在快冷(如淬火等)条件下得到的是非平衡组织。因此,研究非平衡组织时,不仅要参考铁碳相图,而且更重要的是参考钢的过冷奥氏体转变曲线(过冷奥氏体连续转变曲线或等温转变曲线)。

按照不同的冷却条件,过冷奥氏体将在不同的温度范围发生不同类型的转变。通常分为高温、中温和低温转变,即珠光体类型转变、贝氏体类型转变和马氏体类型转变。可获得索氏体、屈氏体、上贝氏体、下贝氏体、板条状马氏体、片状马氏体及残余奥氏体。淬火钢经低温、中温、高温回火后分别获得回火马氏体、回火屈氏体、回火索氏体。

非平衡组织的金相特征如下所述。

(1)索氏体(S):又称细珠光体,是铁素体与渗碳体片的机械混合物,其片层比珠光体更细密,在高倍显微镜下才能分辨。

(2)屈氏体(T):又叫极细珠光体,也是铁素体与渗碳体片的机械混合物,层片比索氏体还细密,呈现出黑色的墨菊状结构。

(3)贝氏体(B):它也是铁素体与渗碳体的两相混合物,其形态与 S、T 不同,主要有下列两种形态。

① 上贝氏体是由成束平行排列的条状铁素体和条间断续分布的渗碳体所组成的非层状组织。当转变量不多时,在光学显微镜上为成束的铁素体条向奥氏体晶内伸展;具有羽毛状特征。

② 下贝氏体是在片状铁素体内部沉淀有碳化物的两相混合物组织。它比淬火马氏体更易受到浸蚀,呈黑针状态特征。

(4)马氏体(M):是碳在 α-Fe 中的过饱和固溶体。马氏体的形态按碳含量主要分为板条状和片状(亦称针状、竹叶状)。

① 板条状马氏体一般为低碳钢或低碳合金钢的淬火组织,其韧性较好。

② 片状马氏体是中高碳钢淬火后组织。片状马氏体的硬度较高,韧性较差。

(5)残余奥氏体(Ar):是含碳量大于 0.5% 的奥氏体淬火时被保留到室温不转变的那部分奥氏体。在显微镜下呈白亮色、分布在马氏体之间,无固定形态。

(6)回火马氏体(M回):马氏体经低温回火(150~250℃)所得到的组织为回火马氏体,它仍具有原马氏体形态的特征。对于中高碳钢而言,在片状马氏体上析出了极弥散细小的ε碳化物($Fe_{2.4}C$),因此,更易受浸蚀,呈现黑针状。高碳回火马氏体具有高的硬度,而韧性和塑性较淬火马氏体有明显改善。

(7)回火屈氏体(T回):马氏体经中温回火(350~500℃)所得到的组织为回火屈氏体,它是铁素体与极细的粒状渗碳体组成的混合物。以 65# 钢为例,回火屈氏体有较高的强度,最佳的弹性,一定的韧性。

(8)回火索氏体(S回):马氏体经高温回火(500~650℃)所得到的组织为回火索氏体,其金相特征是等轴的铁素体上分布着细颗粒状渗碳体。中碳钢回火索氏体具有强度、韧性和塑性均较好的优良综合机械性能。

三、实验设备和材料

1. 主要设备

DMM-400C 型倒置金相显微镜。

2. 主要材料

几种碳钢的正火、淬火和回火金相试样一组。

四、实验内容

观察表 7-5 中所列试样的显微组织，描绘所观察试样的显微组织，并在拍摄的组织照片上注明材料、处理工艺（如正火、淬火、回火等）、放大倍数、浸蚀剂、组织名称等。

表 7-5　金相样品材料、工艺及组织

序号	材料	热处理工艺	浸蚀剂	显微组织
1	20#钢	淬火	4%硝酸酒精	板条 M
2	45#钢	淬火	4%硝酸酒精	混合 M
3	45#钢	正火	4%硝酸酒精	F+S
4	T8 钢	淬火	4%硝酸酒精	片状 M
5	T8 钢	正火	4%硝酸酒精	S
6	T12 钢	淬火	4%硝酸酒精	针状 M
7	T12 钢	正火	4%硝酸酒精	S+Fe$_3$C$_\mathrm{II}$
8	T8 钢	淬火+低温回火	4%硝酸酒精	回火 M
9	T8 钢	淬火+高温回火	4%硝酸酒精	回火 S
10	45#钢	淬火+高温回火	4%硝酸酒精	回火 S
11	65Mn 钢	等温淬火	4%硝酸酒精	下贝氏体

五、思考与讨论

比较 45#钢正火组织与调质组织的差异，结合热处理实验，分析 45#钢正火与调质后组织、性能差异的原因。

实验二十一　常用工程材料的显微组织观察

一、实验目的

1. 观察几种常用合金钢、有色金属、铸铁、金属陶瓷（硬质合金）及纤维增强树脂的显微组织。

2. 分析这些材料的组织和性能的关系及其应用。

二、实验原理

1. 几种常用合金钢的显微组织

合金钢按合金元素含量的不同，可分为三种：合金元素的质量分数小于 5%的称为低合金钢；合金元素质量分数为 5%～10%的称为中合金钢；合金元素质量分数大于 10%的称为高合金钢。一般合金结构钢、合金工具钢都是低合金钢，由于加入合金元素较少，铁碳相图虽发生一些变动，但其平衡状态的显微组织与碳钢的显微组织并没有太大的区别。低合金钢热处理后的显微组织与碳钢的显微组织也没有根本的不同，差别只是在于合金元素使 C 曲线右移（除 Co 外），即以较低的冷却速度可获得马氏体组织。

例如 40Cr 钢经调质处理后的显微组织和 40#钢调质的显微组织完全相同，都是回火索氏体（图 7-3）；GCr15 钢（轴承钢）840℃油淬低温回火试样的显微组织与 T12 钢 780℃水淬低温回火试样的显微组织也是一样的，都得到回火马氏体+碳化物+残余奥氏体组织（图 7-4），但 GCr15 钢的碳化物颗粒较细小。

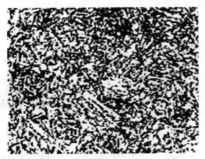 

图 7-3　40Cr 钢调质处理后显微组织　　　图 7-4　GCr15 钢淬火回火后显微组织

（1）高速钢　它是一种常用的高合金工具钢，例如 W18Cr4V。因为它含有大量合金元素，使铁碳相图中的 E 点大大向左移，以致虽然它的碳的质量分数只有 0.7%～0.8%，但也含有莱氏体组织，所以称为莱氏体钢。

高速钢优良的热硬性及高的耐磨性，只有经淬火及回火后才能获得。它的淬火温度较高，为1270～1280℃，以使奥氏体充分合金化，保证最终有高的热硬性。淬火时可在油中或空气中冷却。淬火组织为马氏体+碳化物+残余奥氏体。由于淬火组织中存在有大量（25%～30%）的残余奥氏体，一般都进行 560℃三次回火。经淬火和三次回火后，高速钢的组织为回火马氏体+碳化物+少量残余奥氏体（2%～3%），见图 7-5。

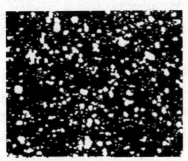

图 7-5　W18Cr4V 钢淬火后三次回火的显微组织　图 7-6　1Cr18Ni9 钢固溶处理后的显微组织

（2）不锈钢　不锈钢是在大气、海水及其他浸蚀性介质条件下能稳定工作的钢种，它们大都属于高合金钢，例如应用很广的 1Cr18Ni9 即 18-8 钢。它的碳含量较低，因为碳不利于防锈；高的铬含量是保证耐蚀性的主要因素；镍除了进一步提高耐蚀能力以外，主要是为了获得奥氏体组织。这种钢在室温下的平衡组织是奥氏体+铁素体+（Cr，Fe）$_{23}$C$_6$。为了提高耐蚀性，可以进行固溶处理，加热到 1050～1150 ℃，使碳化物等全部溶解，然后水冷，即可在室温下获得单一的奥氏体组织（图 7-6）。

2. 铸铁的显微组织

按照石墨的形状，铸铁大致分以下几种。

（1）灰铸铁　一般灰铸铁中石墨呈粗大片状，如图 7-7 所示。

在铸铁浇注前往往铁水中加入孕育剂增多核心时，石墨以细小片状的形式分布，这种铸铁叫作孕育铸铁。一般灰铸铁的基体可以有珠光体、铁素体和珠光体+铁素体三种。孕育铸铁的基体多为珠光体。

（2）球墨铸铁　在铁水中加入球化剂，浇注后石墨呈球形析出，因而大大削弱了对基体的割裂作用，使铸铁的性能显著提高。球墨铸铁的基体有铁素体、珠光体、铁素体+珠光体几种。图 7-8 所示为球墨铸铁的显微组织。

 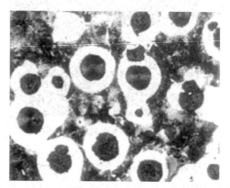

图 7-7　灰铸铁的显微组织　　　　　　图 7-8　球墨铸铁的显微组织石墨结晶

（3）可锻铸铁　可锻铸铁又称展性铸铁，它是由白口铸铁经石墨化退火处理而得到。其中的石墨呈团絮状，显著地减弱了对基体的割裂作用，因而使铸铁的机械性能比普通灰铸铁有明显的提高（图 7-9）。

3. 几种常用有色金属的显微组织

（1）铝合金　铝硅合金是应用最广泛的一种铸造铝合金，常称为硅铝明，典型的牌号为铝合金 ZL102，硅质量分数为 11%～13%，从 Al-Si 合金相图（图 7-10）可知，其成分在共晶点附近，因而具有优良的铸造性能，流动性好，产生铸造裂纹的倾向小，但铸造后得到的组织是粗大针状的硅晶体和 α 固溶体所组成的共晶体及少量呈多面体状的初生硅晶体（图 7-11）。

粗大的硅晶体极脆，因而严重地降低了合金的塑性和韧性。为了改善合金性能，可采用变质处理。即浇注前在合金液体中加入占合金质量 2%～3% 的变质剂（常用 2/3NaF+1/3NaCl 的钠盐混合物）。由于钠能促进 Si 的生核，并能吸附在硅的表面阻碍它长大，使合金组织大大细化，同时使共晶点右移，原合金成分变为亚共晶成分，所以变质处理后的组织由初生 α 固溶体和细密的共晶体（α+Si）组成。共晶体中的硅细小（图 7-12），因而使合金的强度与塑性显著改善。

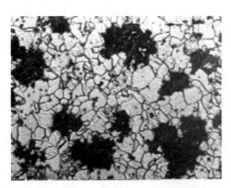

图 7-9 可锻铸铁的显微组织

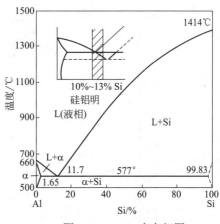

图 7-10 Al-Si 合金相图

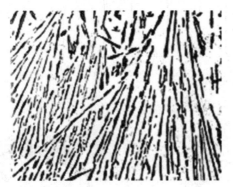

图 7-11 Al-Si 合金（未变质处理）的显微组织

图 7-12 Al-Si 合金（变质处理后）的显微组织

（2）铜合金 最常用的铜合金为黄铜（Cu-Zn 合金）和青铜（Cu-Sn 合金）。由铜-锌合金相图（图 7-13）可知，质量分数小于 36% 的黄铜的组织为单相 α 固溶体，这种黄铜称为 α 黄铜或单相黄铜。单相黄铜 H70 经变形及退火后，其 α 晶粒呈多边形，并有大量退火孪晶（图 7-14）。单相黄铜具有良好的塑性，可进行各种冷变形。质量分数为 36%~45% 的黄铜具有 α+β′ 两相组织，称为双相黄铜。双相黄铜 H62 的显微组织中，α 相呈亮白色，β′ 相为黑色（图 7-15）。β′ 相是以 CuZn 电子化合物为基的有序固溶体，在低温下较硬、较脆，但在高温下有较好的塑性，所以双相黄铜可以进行热压力加工。

（3）轴承合金 巴氏合金是轴承合金中应用较多的一种。锡基巴氏合金中锡、锑、铜的质量分数分别为 83%、11% 和 6%。合金的组织中主要有以 Sb 溶于 Sn 中的 α 固溶体为软基体和以 Sn-Sb 为基的有序固溶体 β′ 相为硬质点。同时，为了消除由于 β′ 相密度小而易上浮所造成的密度偏析，在合金中特地加入 Cu 形成 Cu_6Sn_5。Cu_6Sn_5 在液体冷却时最先结晶成树枝状晶体，能阻碍 β′ 上浮，因而使合金获得较均匀的组织。图 7-16 所示为巴氏合金的显微组织，暗黑色基体为软的 α 相，白色方块为硬的 β′ 相，而白色枝状析出物则为 Cu_6Sn_5，它也起硬质点作用。这种软基体硬质点混合组织能保证轴承合金具有必要的强度、塑性和韧性，以及良好的抗振减磨性能等等。

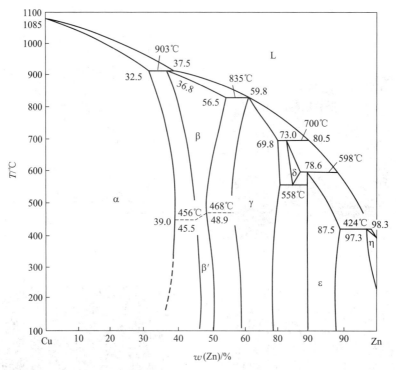

图 7-13　铜-锌合金相图

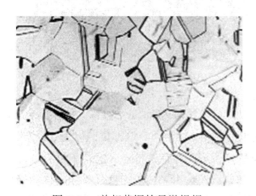

图 7-14　单相黄铜的显微组织

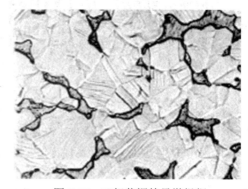

图 7-15　双相黄铜的显微组织

图 7-16　轴承合金的显微组织

　材料科学与工程专业实验教程

4. 金属陶瓷（硬质合金）及纤维增强树脂的显微组织

以粉末冶金工艺制得的 WC-Co 及 WC-TiC-Co 等类合金称为金属陶瓷，也叫硬质合金，其制造过程包括制粉、混料、成形、烧结等工艺，与普通陶瓷的制备工艺相似。

几种硬质合金的化学成分、硬度及用途如表 7-6 所示。

表 7-6　常用硬质合金的显微组织观察

种类	牌号	化学成分/%			硬度 HRA	用途
		WC	TiC	Co		
钴	YG3	97	—	3	91	刀具
	YG6	94	—	6	89.5	刀具、耐磨件、拉丝模
	YG15	85	—	15	87	高韧性耐磨件、模具
钨钛钴类	YT5	85	5	10	89.5	粗加工刀具
	YT14	78	14	8	90.5	粗加工刀具
	YT30	66	30	4	92.5	精加工刀具

WC-Co 类硬质合金的显微组织一般由两相组成：WC+Co 相。WC 相为三角形、四边形及其他不规则形状的白色颗粒；Co 相是 WC 溶于 Co 内的固溶体，作为粘接相，呈黑色。随着含 Co 量的增加，Co 相增多（图 7-17）。

WC-TiC-Co 类硬质合金的显微组织一般由三相组成：WC+Ti+Co 相。WC 相为三角形、四边形及其他不规则形状的白色颗粒，Ti 相是 WC 溶于 TiC 内的固溶体，在显微镜下呈黄色；Co 相是 WC、TiC 溶于 Co 内的固溶体，作为粘接相，呈黑色（图 7-18）。

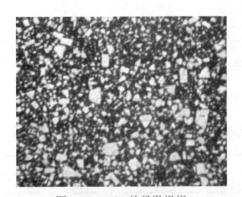

图 7-17　YG3 的显微组织　　　　　图 7-18　YT14 的显微组织

金属陶瓷硬质合金熔点高、硬度很高，具有高的耐磨性及热硬性，可作刀具、耐磨零件或模具。金属陶瓷硬质合金属于颗粒复合材料。

纤维增强树脂是一种纤维复合材料。韧性好的树脂作为基体，可阻碍材料中裂纹的扩展。纤维的抗拉强度高，主要承受外加载荷的作用。玻璃纤维增强环氧树脂复合材料的显微组织为玻璃纤维分散于环氧树脂连续相中。在显微镜下可观察到纤维的编织形态及断面形状（图 7-19 和图 7-20）。

 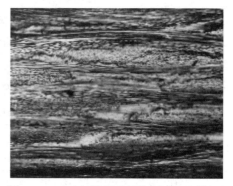

图 7-19　玻璃纤维增强树脂表面的显微组织　　　图 7-20　玻璃纤维增强树脂断面的显微组织

三、实验设备和材料

1. 主要设备

DMM-400C 倒置金相显微镜。

2. 主要材料

合金钢试样、有色金属试样、铸铁试样、轴承合金试样、硬质合金及玻璃纤维/环氧树脂复合材料试样。

四、实验内容

1. 观察表 7-7 所列试样的显微组织。

2. 拍摄各试样的显微组织照片，并在照片中标明各组织组成物的名称。

3. 描述各试样的显微组织特征。

表 7-7　样品材料及处理工艺

样品序号	材料名称	处理工艺	浸蚀
1	W18Cr4V	1280℃油淬，560℃三次回火	4%硝酸酒精
2	1Cr18Ni9	固溶处理	王水溶液
3	Al-Si 合金	铸造（未变质处理）	0.5% HF 水溶液
4	Al-Si 合金	铸造（经变质处理）	0.5% HF 水溶液
5	α黄铜	退火状态	3% FeCl$_3$+10% HCl 的水溶液
6	α+β'黄铜	退火状态	3% FeCl$_3$+10% HCl 的水溶液
7	灰铸铁	铸态	4%硝酸酒精
8	球墨铸铁	铸态	4%硝酸酒精
9	可锻铸铁	可锻化退火	4%硝酸酒精
10	轴承合金	铸态	4%硝酸酒精
11	YG3	粉末冶金烧结	三氯化铁盐酸溶液腐蚀 1min，水洗后于 20% 氢氧化钾+20%铁氰化钾水溶液中腐蚀 3min
12	玻璃纤维增强树脂板	纤维编织后树脂固化	清除表层树脂，横断面抛光

五、思考与讨论

1. 合金钢与碳钢在组织上有什么不同，性能上有什么差异，使用上有何优越性？

2. 为什么工业上的大构件（如大型发电机转子）和小型工件（如小板牙）都必须采用合金钢制造？

3. 高速钢（W18Cr4V）的热处理工艺是如何进行的？有何特点？

4. 铸造 Al-Si 合金的成分是如何考虑的，为何要进行变质处理，变质处理与未变质处理的 Al-Si 合金组织与性能有何变化？

实验二十二　扫描电镜样品的制备及典型组织观察

一、实验目的

1. 了解扫描电镜的构造及工作原理。
2. 初步学会 ZEISS EVO 10 钨灯丝扫描电镜的操作方法。

二、实验原理

1. 扫描电镜的构造

扫描电子显微镜（简称扫描电镜或 SEM）是目前较先进的一种大型精密分析仪器，它在材料科学、地质、石油、矿物、半导体及集成电路等方面得到了广泛的应用。

其优点是：

① 景深长、图像富有立体感；

② 图像的放大倍数可在大范围内连续改变，而且分辨率高；

③ 样品制备方法简单，可动范围大，便于观察；

④ 样品的辐照损伤及污染程度较小；

⑤ 可实现多功能分析。

图 7-21 是 ZEISS EVO 10 扫描电镜外观照片，其构造可以借助图 7-22 来说明。它由四部分构成：电子光学系统、机械系统、真空系统以及样品所产生信号的收集、处理和显示系统。

（1）电子光学系统　这个系统包括电子枪、电磁聚光镜、扫描线圈及光阑组件。

图 7-21　ZEISS EVO 10 扫描电镜外观照片

① 电子枪　为了获得较高的信号强度和较好的扫描像，由电子枪发射的扫描电子束应具有较高的亮度和尽可能小的束斑直径。常用的电子枪有三种：普通热阴极三极电子枪、六硼化镧阴极电子枪和场发射电子枪，其性能见表 7-8。前两种属于热发射电子枪，后一种则属于冷发射电子枪。由表 7-8 可以看出，场发射电子枪的亮度最高、电子源直径最小，是高分辨扫描电镜的理想电子源，当然其价格也是相当昂贵的。从图 7-23 给出的电子枪构造示意图可以看到，热电子发射型电子枪和热阴极场发射电子枪（FEG）的区别在于：热电子发射型电子枪在紧靠灯丝的下面有一个韦氏极[图 7-23（a）]，在韦氏极上加一个比灯丝更负的电压，这个电压称为偏压（bias voltage），这个偏压控制了电子束流和它的扩展状态；而对于热阴极场发射电子枪（FEG），不采用韦氏极，而是用吸出极和静电透镜[图 7-23（b）]。

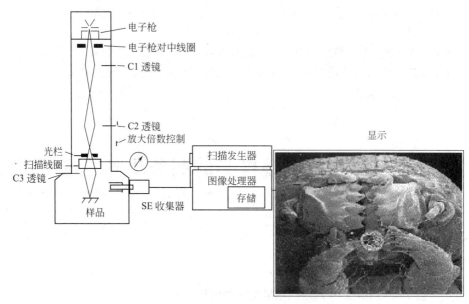

图 7-22　扫描电子显微镜构造示意图

表 7-8　几种类型电子枪性能比较

项目	热电子发射		场发射		
	W	LaB$_6$	热阴极 FEG		冷阴极 FEG W（310）
			ZrO/W（100）	W（100）	
亮度（在 200kV 时）	约 5×10^5	约 5×10^6	约 5×10^8	约 5×10^8	约 5×10^8
光源尺寸	50μm	10μm	0.1～1μm	10～100nm	10～100nm
能量发散度/eV	2.3	1.5	0.6～0.8	0.6～0.8	0.3～0.5
使用条件　真空度/Pa	10^{-3}	10^{-5}	10^{-7}	10^{-7}	10^{-8}
使用条件　温度/K	2800	1800	1800	1600	300
发射　电流/μA	约 100	约 20	约 100	20～100	20～100
发射　短时间稳定度/%	1	1	1	7	5
发射　长时间稳定度/%	1%/h	3%/h	1%/h	6%/h	5%/15min
发射　电流效率/%	100	100	10	10	1
维修	无须	无须	安装时，稍费时间	更换时，要安装几次	每隔数小时必须进行一次闪光处理
价格/操作性	便宜/简单	便宜/简单	贵/容易	贵/容易	贵/复杂

② 电磁聚光镜　其功能是把电子枪发射的电子束光斑逐级聚焦缩小，因照射到样品上的电子束光斑越小，其分辨率就越高。扫描电镜通常都有三个聚光镜，前两个是强透镜，缩小束斑，第三个透镜是弱透镜，焦距长，便于在样品室和聚光镜之间装入各种信号探测器。为了降低电子束的发散程度，每级聚光镜都装有光阑。为了消除像散，装有消像散器。

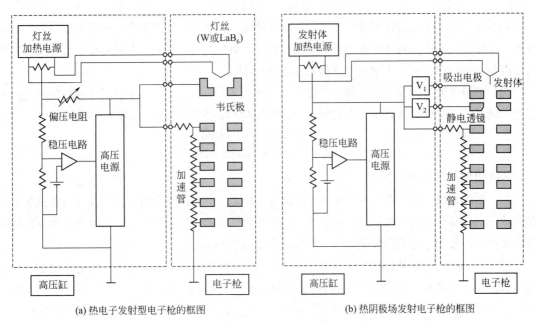

(a) 热电子发射型电子枪的框图　　　　　(b) 热阴极场发射电子枪的框图

图 7-23　电子枪构造示意图

③ 扫描线圈　其作用是使电子束偏转，并在样品表面做有规则的扫动。电子束在样品上的扫描动作和在显像管上的扫动作保持严格同步，因为它们是由同一扫描发生器控制的。图 7-24 所示为电子束在样品表面进行扫描的两种方式。进行形貌分析时都采用光栅扫描方式，如图 7-24（a）所示。当电子束进入偏转线圈时，方向发生转折，随后又由下偏转线圈使它的方向发生第二次转折。

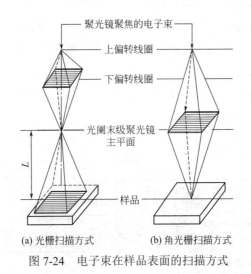

(a) 光栅扫描方式　　　(b) 角光栅扫描方式

图 7-24　电子束在样品表面的扫描方式

发生二次偏转的电子束通过末级透镜的光心射到样品表面。在电子束偏转的同时还带有一个逐行扫描动作，电子束在上、下偏转线圈的作用下，在样品表面扫描出方形区域，相应地在样品上也画出一幅比例图像。样品上各点受到电子束轰击时发出的信号可由信号探测器接收，并通过显示系统在显像管荧光屏上按强度描绘出来。

如果电子束经上偏转线圈转折后未经下偏转线圈改变方向，而直接由末级透镜折射到入射点位置，这种扫描方式称为角光栅扫描或摇摆扫描，如图 7-24（b）所示。入射束被上偏转线圈转折的角度越大，则电子束在入射点上摆动的角度也越大。

扫描电镜是通过改变电子束偏转角度来实现放大倍数的调节。因为观察用的荧光屏尺寸是一定的，所以电子束偏转角越小，在试样上扫描面积越小，其放大倍数 M 越大，即：

$$M = \frac{A_c(\text{CRT上扫描振幅})}{A_s(\text{电子束在样品表面扫描振幅})} \qquad (7\text{-}7)$$

放大倍数一般是 $20 \sim 20 \times 10^4$ 倍。

（2）机械系统　这个系统主要包括支撑部分和样品室。样品室中有样品台和信号探测器，样品台除了能夹持一定尺寸的样品，还能使样品做平移、倾斜、转动等运动，同时样品还可在样品台上加热、冷却和进行力学性能实验（如拉伸和疲劳实验）。

（3）真空系统　为保证扫描电子显微镜电子光学系统的正常工作，对镜筒内的真空度有一定的要求。一般情况下，如果真空系统能提供 $1.33 \times 10^{-2} \sim 1.33 \times 10^{-3}$ Pa（$10^{-4} \sim 10^{-5}$ mmHg）的真空度时，就可以防止样品的污染。如果真空度不足，除样品被严重污染外，还会出现灯丝寿命下降、极间放电等问题。

不同类型的扫描电镜对真空的要求不尽相同，样品室的真空一般不得低于 1×10^{-5} Pa，它由机械真空泵和分子泵来实现；电镜镜筒和灯丝室的真空不得低于 4×10^{-7} Pa，它由离子泵来实现；先开机械泵预抽真空，达到所需真空度之后方可开机。在更换试样时，阀门会自动使样品室与镜筒部分隔开；更换灯丝时也可以将电子枪室与整个镜筒隔开，这样保持镜筒部分真空不被破坏。

（4）信号的收集、处理和显示系统　样品在入射电子束作用下会产生各种物理信号，有二次电子、背散射电子、特征 X 射线、阴极荧光和透射电子等。不同的物理信号要用不同类型的检测系统，它大致可分为三大类，即电子检测器、阴极荧光检测器和 X 射线检测器。下面介绍二次电子的信号检测与放大系统。

常用的二次电子检测系统为闪烁计数器（即电子检测器），它位于样品上侧，由闪烁体、光导管和光电倍增器所组成，如图 7-25 所示。

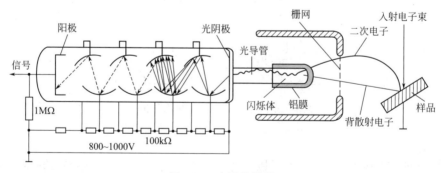

图 7-25　电子检测器

闪烁体一端加工成半球形，另一端与光导管相接，并在半球形的接收端上喷镀几百埃厚的铝膜作为反光层，既可阻挡杂散光的干扰，又可作为高压电极加 $6 \sim 10$ kV 正高压，吸引和加速进入栅网的电子。另外，在检测器前端栅网上加250～500V正偏压，吸引二次电子，增大检测有效立体角。这些二次电子不断撞击闪烁体，产生可见光信号沿光导管先到光电倍增器进行放大，输出电信号可达10mA左右，再经视频放大器稍加放大后作为调制信号，最后转换为在阴极射线管荧光屏上显示的样品表面形貌扫描图像，供观察和照相记录。通常荧光屏有两个，一个供观察用，一个供照相用；或者一个供高倍观察用，一个供低倍观察用。

2. 扫描电镜的基本原理

电子枪的热阴极或场发射阴极发出的电子受阳极电压（1～50kV）加热并形成笔尖状电子束，其最小直径为10～50μm量级（场发射枪中为10～100nm）。经过两或三个（电）磁透镜的作用，在样品表面会聚成一个直径可小至1～10nm的细束，也称电子探针，携带束流量为10^{-9}～10^{-11}nm。有时根据某些工作模式的要求，束流可增至10^{-2}～10^{-8}nm，相应的束直径将变成0.1～1μm。在末透镜上部的扫描线圈作用下，细电子束在样品表面做光栅状扫描，即从左上方向右上方扫，扫完一行再扫其下相邻的第二行，直到扫完一幅（或帧）。如此反复运动。

三、实验设备和材料

1. 主要设备

ZEISS EVO 10 扫描电子显微镜。

2. 主要材料

碳钢试样。

四、实验内容

1. 开机/关机

开机：打开电镜主电源，然后按下"STANDBY"按钮，30s后再按下"ON"按钮，电镜工作电脑打开；

关机：退出软件，关电脑，然后按"STANDBY"按钮，30s后再按下"OFF"按钮，关闭主电源。

建议：如果非长期不用，建议电镜保持"STANDBY"抽真空状态，保证仪器性能。

2. 打开软件

打开桌面上的"SmartSEM"图标，等运行完"EM server"后，输入账户名和密码点击确定进入软件界面。

3. 更换样品并抽真空

更换样品前如果样品室里面有真空，先要在"SEM Control"→"Vacuum"里点击"Vent"泄真空，更换好样品以后点击"Pump"进行抽真空。

4. 加高压

真空度达到<8.0×10^{-5}Mbar后，真空状态许可出现（"Vac Status=Ready"和"EHT Vac ready=Yes"），可以在状态"Gun"里面选择"Beam On"。

5. 确定参数

（1）根据样品的情况选择探针电流（I_{probe}）和束斑尺寸、加速电压（EHT），参数选择参见表7-9和表7-10。

表 7-9　探针电流和束斑尺寸

项目	探针电流 I_{probe}/pA	束斑尺寸/nm
高分辨像	1～5	120～220
常规观察	大于 20	大于 300
背散射像	100～300	390～450
X 射线成分分析	300～600	450～490
观察荷电样品	3～5	160～220

表 7-10　加速电压（EHT）

样品成像或成分分析	加速电压 EHT/kV	说明
低原子序数样品（C、H、O、N 之类）	5～10	动植物、塑料、橡胶、食品、化工材料等，易受电子束损伤
中等以上原子序数样品（Na 以上）	10～20	金属、半导体、矿物、陶瓷、建材等，不导电样品需要镀膜处理。适合常规观察
高分辨率观察	20～30	电子束波长短，像差小，高倍图像清晰。可提供 2 万倍以上图像
荷电样品	1～3	直接观察不导电样品
X 射线成分分析	15～20	视所分析元素的种类而异

（2）低倍聚焦粗调振动（Wobble），然后再高倍聚焦调振动[扫描速度为 1，像素平均（Pixel Avg）]，当图像同心收缩时，振动调好。

（3）在较高放大倍数反复聚焦（Focus）、像散（Astigmation）来优化参数，最后可以调节亮度对比度（Brightness Contrast）。

6. 记录保存图片

最终拍图的扫描参数 Line Avg（线平均），Scan Speed 6（扫描速度 6），N=30，利用 Ctrl+E 可以调出保存图片的操作界面，通过设置保存路径以及命名前缀等可以保存为 TIFF、JPG、PNG 等格式的图片。

五、实验注意事项

1. 使用电镜时要注意用电安全。

2. 严格按照开关机顺序进行开关机操作。

3. 更换新灯丝时一定要严格按照顺序进行[关灯丝和软件-关电脑-待机（Standby）-关机（OFF）-更换灯丝]。

4. 在移动、升降和倾斜载物台时，一定要在"TV"模式下进行，切记不要让其碰撞到物镜和探测器。

5. 换取样品、更换灯丝的过程中，要使用无尘橡胶手套操作，切不可用手直接接触载物台和样品。

6. 放置样品台时，样品台一定要卡到位，否则载物台此时会报警，严重时载物台会卡住舱门。

7. 在拷贝数据时，建议使用光盘来拷贝数据，严禁使用 U 盘、移动硬盘等。

8. 不要在扫描电镜专用的电脑上私自安装其他软件，以防电脑系统崩溃。

9. 不要在电子显微镜主机台面上放置尖锐小物件（如螺钉、螺丝刀等小工具），以防物件破坏气垫。

实验二十三　扫描电镜样品的形貌观察及分析

内容一　扫描电镜的二次电子像及断口形貌分析

一、实验目的

1. 了解扫描电镜在断口形貌分析中的作用。
2. 通过对不同断口形貌的分析，掌握扫描电镜分析断口形貌的方法。

二、实验原理

1. 形貌衬度——二次电子（SE）像及其衬度原理

表面形貌衬度是利用对样品表面形貌变化敏感的物理信号作为调制信号得到的一种像衬度。因为二次电子信号主要来自样品表层 5～10nm 深度范围，它的强度与原子序数没有明确的关系，但对微区刻面相对于入射电子束的位向却十分敏感。二次电子像分辨率比较高，所以适用于显示形貌衬度。

（1）在扫描电镜中，若入射电子束强度 i_p 一定时，二次电子信号强度 i_s 随样品表面的法线与入射束的夹角（倾斜角）θ 增大而增大。或者说二次电子产额 δ（$\delta = i_s/i_p$）与样品倾斜角 θ 的余弦成反比，即：

$$\delta = \frac{i_s}{i_p} \propto \frac{1}{\cos\theta} \tag{7-8}$$

（2）如果样品是由图 7-26（a）所示那样的三个小刻面 A、B、C 所组成，由于 $\theta_C > \theta_A > \theta_B$，因此 $\delta_C > \delta_A > \delta_B$，如图 7-26（b）所示，结果在荧光屏上 C 小刻面的像比 A 和 B 都亮，如图 7-26（c）所示。因此在断口表面的尖棱、小粒子、坑穴边缘等部位会产生较多的二次电子，其图像较亮；而在沟槽、深坑及平面处产生的二次电子少、图像较暗，由此而形成明暗清晰的断口表面形貌衬度。

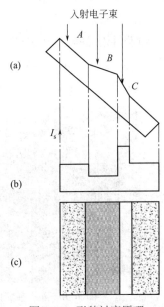

图 7-26　形貌衬度原理

2. 典型断口形貌观察

典型断口形貌分为：韧窝断口、解理断口、准解理断口、脆性沿晶断口、疲劳断口。

断口的微观观察经历了光学显微镜（观察断口的实用倍数是在 50～500 倍之间）、透射电子显微镜（观察断口的实用倍数是在 1000～40000 倍之间）和扫描电子显微镜（观察断口的实用倍数是在 20～10000 倍之间）三个阶段。因为断口是一个凹凸不平的粗糙表面，观察断口所用的显微镜要具有最大限度的焦深、尽可能宽的放大倍数范围和高的分辨率。扫描电子显微镜最能满足上述的综合要求，故近年来对断口观察大多采用扫描电镜进行。

通过断口的形貌观察与分析，可研究材料的断裂方式（穿晶、沿晶、解理、疲劳断裂等）与断裂机理，这是判别材料断裂性质和断裂原因的重要依据，特别是在材料的失效分析中，断口分析是最基本的手段。通过断口的形貌观察，还可以直接观察到材料的断裂源、各种缺陷、晶粒尺寸、气孔特征及分布、微裂纹的形态及晶界特征等。几种典型断口的扫描电镜图像如下所述。

（1）韧窝断口。韧性断口的重要特征是在断面上存在"韧窝"花样。韧窝的形状有等轴形、剪切长形和撕裂长形等，如图 7-27 所示。

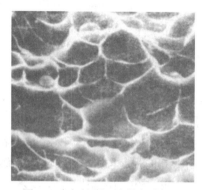

图 7-27　韧性断口上的韧窝形貌

图 7-28　解理断口中的"河流花样"

（2）解理断口。典型的解理断口有"河流花样"，如图 7-28 所示。

众多的台阶汇集成河流状花样，"上游"的小台阶汇合成"下游"的较大台阶，河流的流向就是裂纹扩展的方向。"舌状花样"或"扇贝状花样"也是解理断口的重要特征之一。

（3）准解理断口。准解理断口实质上是由许多解理面组成，如图 7-29 所示。在扫描电子显微镜图像上有许多短而弯曲的撕裂棱线条和由点状裂纹源向四周放射的河流花样，断面上也有凹陷和二次裂纹等。

（4）脆性沿晶断口。沿晶断裂通常是脆性断裂，其断口的主要特征是有晶间刻面的"冰糖状"花样，如图 7-30 所示，但某些材料的晶间断裂也可显示出较大的延性。此时断口上除呈现晶间断裂的特征外，还会有"韧窝"等存在，出现混合花样。

图 7-29　准解理断口

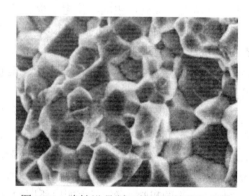

图 7-30　脆性沿晶断口的"冰糖状"花样

（5）疲劳断口。疲劳断口在扫描电镜图像上呈现一系列基本上相互平行、略带弯曲、呈波浪状的条纹，如图 7-31 所示。每一个条纹是一次循环载荷所产生的，疲劳条纹的间距随应力场强度因子的大小而变化。

三、实验设备和材料

1. 主要设备

ZEISS EVO 10 扫描电子显微镜。

2. 主要材料

多种不同断裂机理下断裂的拉伸/冲击试样。

四、实验内容

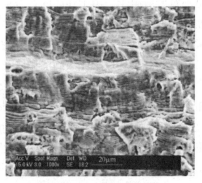

图 7-31　疲劳断口形貌

1. 试样准备

要求断口保存得尽量完整、特征原始，尽量不产生二次损伤。对断口上附着的腐蚀介质或污染物，还需进行适当清理。当失效件体积太大时，还需分解或切割。

2. 断口形貌观察

将准备好的样品用导电胶粘在样品座上，抽真空。进行断口形貌观察。断口形貌观察一般遵循以下基本原则。

（1）对断口做低倍观察，全面了解和掌握断口的整体形貌和特征，确定重点观察部位。

（2）找出断裂起始区，并对断裂源区进行重点分析。

（3）对断裂过程不同阶段的形貌特征逐一进行观察，找出它们的共性与个性。

（4）断裂特征的识别。发现、识别和表征断裂形貌特征是断口分析的关键。在观察未知断口时，往往是和已知的断裂形貌加以比较来进行识别。

（5）扫描电子显微镜断口照片的获得，一般一个断口的观察结果要用如下几部分的照片来表述：断口的全貌照片、断裂源区照片和扩展区、瞬断区的照片。

（6）结合断口的宏观分析确定断裂起源和扩展方向，最终确定断裂机理。

五、思考与讨论

分析不同断口形貌所对应的断裂机理。

内容二　扫描电镜的背散射电子像及高倍组织观察

一、实验目的

1. 掌握扫描电镜成分衬度像——背散射电子（BSE）像的原理、特点及其在材料研究中的应用。

2. 利用 EVO 10 扫描电镜，观察分析样品经过深腐蚀后的形貌。

二、实验原理

扫描电镜的主机工作于二次电子（SE）成像模式，但是二次电子信号与背散射电子关系密切，而且一种图像只是样品的一种再现形式，所以研究纯背散射电子像是很有意义的。

1. 背散射电子的成像

这里提到的背散射电子是指能量大于 50eV 的全部背散射电子。由于样品的背散射电子产额 T 随元素的原子序数增加而增加，如图 7-32 所示，所以背散射电子像可以反映样品表面微区平均原子序数衬度。样品平均原子序数高的微区在图像上较亮。

这样在观察形貌组织的同时也反映了成分的分布。背散射电子能量较高，离开样品表面后沿直线轨迹运动，出射方向基本不受弱电场影响，因而探头检测到的背散射电子强度要比二次电子低得多，并且有阴影效应。由于产生背散射电子的样品深度范围较大、信息检测效率较低，因此图像的分辨率比二次电子像要低。

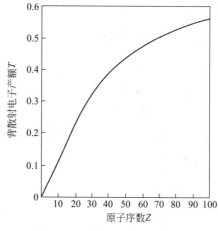

图 7-32　背散射电子产额 T 与
原子序数 Z 的关系

2. 背散射电子像的衬度

（1）形貌衬度和成分衬度　背散射电子信号随原子序数的变化比二次电子的变化显著得多，因此图像应有较好的成分衬度。但是与二次电子像类似，成分衬度与形貌衬度常同时存在，所以需要加以分离。背散射电子信号与样品形貌的关系决定于两个因素：第一，样品表面的不同倾角会引起发射电子数的不同，此外，即使倾角一定但高度有突变，背散射电子数也会改变；第二，由于探测器方位不同而收集到信号电子数不同。

（2）磁衬度　由背散射电子显示的磁衬度通常称为第二类磁衬度。它是铁磁体磁畴的自感强度对背散射电子的 Lorentz 作用力所形成的。

3. 背散射电子像的分辨率

一般来说，当电子束垂直入射时，背散射电子像的分辨率受其信号电子的总发射宽度所限制。目前商用探头的指标一般为：平均原子序数分辨率 $\Delta Z<1$，空间分辨率 $\delta\approx80nm$。

三、实验设备和材料

1. 主要设备

ZEISS EVO 10 扫描电子显微镜。

2. 主要材料

碳钢、陶瓷试样等。

四、实验内容

1. 背散射电子像观察

不同型号的扫描电镜背散射电子探测器有所不同。大体上有三种类型：一种是和二次电子共用一个探测器，只是改变探测器收集极上的电压值来排除二次电子信号，如 PSEM-500 型扫描电镜；另一种是有单独的背散射电子接收附件，在操作时将背散射电子探测器送到镜筒里去，并接通相应的前置放大器，如 S-550 型扫描电镜；再一种是采用两个单独设置的背散射电子探测器对称地安置在试样上方，如 Sirion 200 型扫描电镜，单独的背散射电子探测器通常采用 P-N 半导体制成。

扫描电镜接收背散射电子像的方法是将背散射电子检测器送入镜筒中，将信号选择开关转到 BSE 位置接通背散射电子像的前置放大器。图 7-33 所示为亚共析钢中铁素体和珠光体的二次电子像及背散射电子像的比较。图 7-34 所示为半导体器件断口的二次电子像及背散射电子像的比较。两组图对照观察，背散射电子像阴影效应明显，像分辨率较低。由于背散射电子像信号弱，所以在观察中要加大束流，并采用慢速扫描。

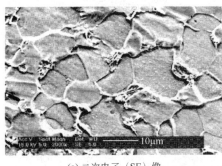

(a) 二次电子（SE）像   (b) 背散射电子（BSE）像

图 7-33   亚共析钢中铁素体和珠光体的 SEM 形貌

(a) 二次电子（SE）像   (b) 背散射电子（BSE）像

图 7-34   半导体器件断口的 SEM 形貌

2. 金相样品深浸蚀后的高倍组织观察

金相样品深浸蚀后在扫描电镜下做高倍组织观察不仅可以得到与透射电镜复型技术相似的效果，而且可以得到富有立体感的图像。根据需要选择不同的腐蚀剂对金相样品进行深浸蚀，选择要保留的相，溶解掉不需要的相。保留相凸出在外，只留一小部分埋在基体中。目前广泛采用的深浸方法有酸浸深腐蚀、热氧化腐蚀、离子刻蚀、离子轰击浸蚀等。低熔点合金还可以采用选择升华方法将可挥发的基体变成气相挥发出去，而保留不挥发相。对不挥发相进行观察。深浸蚀后的金相试样特别适合对夹杂物及第二相的形态和分布进行观察。图 7-35 是氧化锆陶瓷深浸蚀后的 SEM 形貌，图中（a）为断口形貌，（b）为烧结体表面形貌。

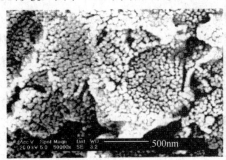

(a) 断口形貌   (b) 烧结体表面形貌

图 7-35   氧化锆陶瓷深浸蚀后的 SEM 形貌

五、思考与讨论

扫描电镜成分衬度像——背散射电子像的特点，与二次电子像的异同。

实验二十四　能谱仪的结构、原理及使用

一、实验目的

1. 了解能谱仪的结构及工作原理。
2. 结合实例，熟悉能谱分析方法及应用。
3. 学会正确选用微区成分分析方法及其分析参数的选择。

二、实验原理

能谱仪全称为能量色散 X 射线谱仪，是分析电子显微学中广泛使用的最基本、可靠且重要的成分分析仪器。其分析方法通常称为能量色散 X 射线谱（energy dispersive X-ray spectroscopy，EDS）法或能量色散 X 射线分析（energy dispersive X-ray analysis，EDX）法。

1. 特征 X 射线的产生

特征 X 射线的产生是入射电子使内层电子激发而发生的现象。即内壳层电子被轰击后跳到比其费米能高的能级上，电子轨道内出现的空位被外壳层轨道的电子填入时，作为多余的能量放出的就是特征 X 射线。特征 X 射线是元素固有的能量，所以，将它们展开成能谱后，根据它的能量值就可以确定元素的种类，而且根据能谱的强度分析就可以确定其含量。

从空位在内壳层形成的激发状态变到基态的过程中，除产生 X 射线外，还放出俄歇电子。一般来说，随着原子序数增加，X 射线产生的概率（荧光产额）增大，而与它相伴的俄歇电子的产生概率却减小。因此，在分析试样中的微量杂质元素时，EDS 对重元素的分析特别有效。

2. X 射线探测器的种类和原理

对于试样产生的特征 X 射线，有两种成谱的方法：能量色散 X 射线谱（EDS）法和波长色散 X 射线谱（wavelength dispersive x-ray spectroscopy，WDS）法。在分析电子显微镜中均采用探测率高的 EDS 法。

图 7-36 所示为 EDS 探测器系统框图。从试样产生的 X 射线通过测角台进入探测器中。

EDS 中使用的 X 射线探测器，一般都是用高纯单晶硅中掺杂有微量锂的半导体固体探测器（solid state detector，SSD）。SSD 是一种固体电离室，当 X 射线入射时，室中就产生与这个 X 射线能量成比例的电荷。这个电荷在场效应管（field effect transistor，FET）中聚集，产生一个波峰值比例于电荷量的脉冲电压。用多道脉冲高度分析器（multichannel pulse height analyzer）来测量它的波峰值和脉冲数，就可以得到横轴为 X 射线能量，纵轴为 X 射线光子数的谱图。为了使硅中的锂稳定和降低 FET 的热噪声，平时和测量时都必须用液氮冷却 EDS 探测器。保护探测器的探测窗口有两类，其特性和使用方法各不相同。

（1）铍窗口型（beryllium window type）　用厚度为 8~10μm 的铍薄膜制作窗口来保持探测

器的真空，这种探测器使用起来比较容易，但是，由于铍薄膜对低能 X 射线的吸收，所以，不能分析比 Na（$Z=11$）轻的元素。

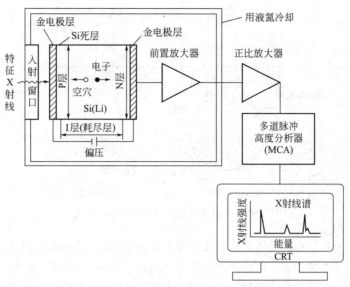

图 7-36　EDS 探测器系统框图

（2）超薄窗口型（ultra-thin window type，UTW type）　该窗口是沉积了铝，厚度为 $0.3 \sim 0.5 \mu m$ 的有机膜，它吸收 X 射线少，可以测量 C（$Z=6$）以上的比较轻的元素。但是，采用这种窗口时，探测器的真空保持不太好，所以，使用时要多加小心。最近，对轻元素探测灵敏度很高的这种类型的探测器已被广泛使用。

此外，还有去掉探测器窗口的无窗口型（windowless type）探测器，它可以探测 B（$Z=5$）以上的元素。但是，为了避免背散射电子对探测器的损伤，通常将这种无窗口型的探测器用于扫描电子显微镜等的采用低速电压的情况。

3. EDS 的分析技术

（1）X 射线的测量　连续 X 射线和从试样架产生的散射 X 射线都进入 X 射线探测器，形成谱的背底。为了减少从试样架散射的 X 射线，可以采用铍制的试样架。对于支持试样的栅网，采用与分析对象的元素不同的材料制作。当用强电子束照射试样产生大量的 X 射线时，系统的漏计数的百分比就称为死时间 T_{dead}，它可以用输入侧的计数率 R_{IN} 和输出侧的计数率 R_{OUT} 来表示：

$$T_{dead} = \left(1 - R_{OUT} / R_{IN}\right) \times 100\% \tag{7-9}$$

（2）空间分辨率　图 7-37 所示为入射电子束在不同试样内的扩展情况。对于分析电子显微镜使用的薄膜试样，入射电子几乎都会透过。因此，入射电子在试样内的扩展不像图 7-37（a）块状试样（通常为扫描电镜样品）中扩展的那样大，分析的空间分辨阴极射线管（CRT）上显示出来，就得到特征 X 射线强度的二维分布的像。这种观察方法称为元素的面分布分析方法，它是一种测量元素二维分布非常方便的方法。

4. 能谱分析举例

能谱仪与扫描电镜、透射电镜配合可在观察材料内部微观组织结构的同时对微区进行化学成分的分析。这对于研究合金中元素的成分和偏析、金属和合金中的夹杂物、热处理过程中的相变和扩散的规律、材料断裂过程中的失效分析等均具有十分重要的意义。下面举三个实例予以说明。

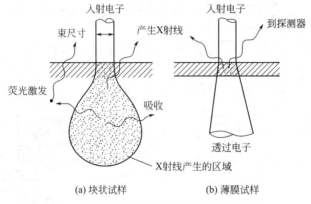

图 7-37 入射电子束在不同试样内的扩散

（1）化学成分分析 对样品进行化学成分分析是能谱仪的主要应用。虽然分析结果的准确度不如化学方法，也不如波谱法，但它突出的优点是快速，全谱一次收集，分析一个样品只需几分钟至几十分钟，而波谱法要几十分钟至几小时；不破坏样品，而化学方法往往要破坏样品；可以把样品的成分和形貌乃至结构结合在一起进行综合分析，而其他方法对这一条是无能为力的。

图 7-38 是 EDS 应用实例之一——化学成分分析。图 7-38 中区域 1 是电镜中看到的形貌及需要分析的区域（点或面）；图 7-38 中区域 2 是 EDS 谱线收集完毕后定量计算的结果，给出了质量分数和摩尔分数；图 7-38 中区域 3 是 EDS 谱线实时收集的结果，纵坐标是 X 射线光子的计数率 CPS，横坐标是元素的能量值（keV）。

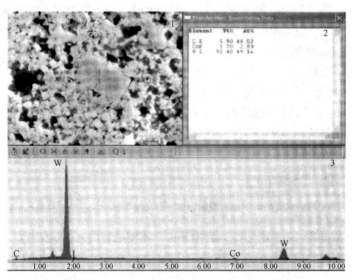

图 7-38 EDS 应用实例之一——化学成分分析

（2）元素的线分析 图 7-39 是 EDS 应用实例之二——元素的线分析。图 7-39 中的白色线是电子束扫过的分析区域，它通过了基体（灰色基体相）、黑色颗粒（增强相）。从元素的分析结果可以看出：基体相主要含 Al、Cu、Zr 元素，黑色颗粒的第二相主要含 O、Y 元素。

（3）元素的面分布　图 7-40 是 EDS 应用实例之三——元素的面分布。

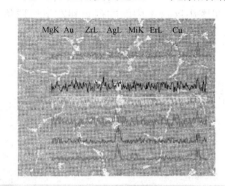

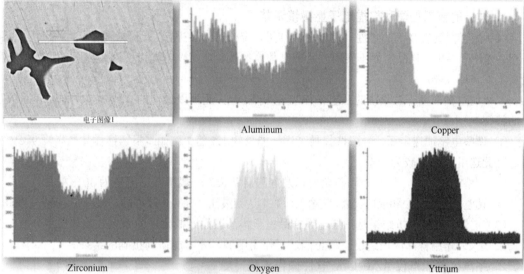

图 7-39　EDS 应用实例之二——元素的线分析

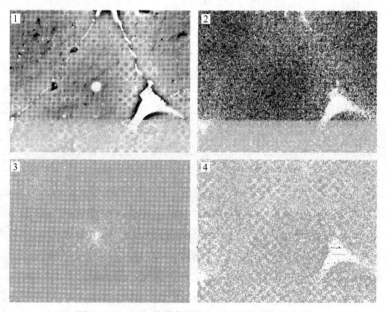

图 7-40　EDS 应用实例之三——元素的面分布

图 7-40 中区域 1 是电镜中看到的形貌。图 7-40 中区域 2、3、4 是 EDS 信号收集完毕后给出的不同元素的定性结果。说明图中区域 1 中间的白点和右下边白色三角区域都有元素的偏聚。

三、实验设备和材料

1. 主要设备

ZEISS EVO 10 扫描电子显微镜（带能谱仪）。

2. 主要材料

碳钢、陶瓷试样等。

四、实验内容

1. 样品的前期处理和扫描电子显微镜调整

（1）为了得到较精确的定性、定量分析结果，应该对样品进行适当的处理，尽量使样品表面平整、光洁和导电。样品表面不要有油污或其他腐蚀性物质，以免真空下这些物质挥发到电镜和探头上，损坏仪器。

（2）调整扫描电子显微镜的状态，使 X 射线 EDS 探测器以最佳的立体角接收样品表面激发出的特征 X 射线。

① 调整电镜加速电压，一般选择最高谱峰能量的 1.5 倍。例如：不锈钢样品最高峰 9keV 左右，因此选用 15keV 较为合适。

② 调整工作距离、样品台倾斜角度以及探测器臂长。一般情况出射角为 30°左右。

③ 调整电子束对中和束斑尺寸，使输入计数率达到最佳。例如，金属样品一般应在 1000～3000。

（3）定性、定量分析结果是扫描电镜样品室里样品表面区域元素的摩尔分数和质量分数。放大倍数越大，作用样品区域越小。要正确选择作用区域，才可能得到正确的结果。

2. 牛津仪器能谱仪 AZtecOne 软件操作流程

能谱仪可实现三个基本功能，即：采集谱图及定量分析、元素面分布信息采集、元素线分布信息采集。

（1）打开 AZtecOne 软件，新建项目命名并选择路径保存。

（2）输入样品概况（可略过）。

（3）设置电镜参数：在设定能谱适用的 WD 之后，通过控制电镜加速电压（HV）、束斑尺寸（Spot Size）、孔径（Aperture）等参数，使死时间 < 50% 且输出计数率 > 1000cps（最好 > 10000cps）。

（4）单击采集谱图按钮，单击开始，采集电镜图像（如果做完第一个视野的采集，需要进行第二个区域分析，则需先单击"新区"，再单击开始）。

（5）选择需要进行样品测试的方式，包括"采集谱图及定量分析（俗称点扫）""面分布采集""线分布采集"。

① "采集谱图及定量分析"。先选择选区类型，选区，等待谱图自动采集完成，点击切换确认元素界面。确认元素并生成报告：可根据对样品的了解或对谱图的判断进行剔除或添加元素。

② "面分布采集"。选择选区类型，选择区域自动开始，或者直接点击开始进行全图扫描，可点击不同视图进行元素面分布进行查看，等待元素面分布趋于稳定，点击"停止"按钮即可，可点亮图标，添加生成报告所希望包含的信息，点击保存，生成报告。

③ "线分布采集"。点击划线图标，选择感兴趣的区域进行划线，点击"开始"进行数据采集，在下方可以看见元素线分布数据，可切换视图观察单个元素线分布图，待数据趋于稳定之后，

即点击"停止"，可点亮图标，添加生成报告所希望包含的信息，点击保存，生成报告。

（6）可点亮图标，添加生成报告所希望包含的信息，点击保存，生成报告。

五、实验注意事项

1. 不要用手或用其他东西去触碰窗口，不论是铍窗还是 Norvar 超薄窗口，都是很易破碎的。

2. 不要企图自己清洗窗口，如果要清洗，一定要征询专业技术人员的支持。

3. 不要摇动探头。

4. 在使用中要避免样品或样品台碰到探头。

5. 不要用任何热冲击、压缩空气或者腐蚀性的东西接触窗口。

6. 铍是一种剧毒物，而且很脆，因此千万不要用手或者皮肤去碰铍窗。

7. 如果探头使用液氮，不要使液氮罐中无液氮，为了避免液氮罐中结冰，不要等液氮快用完了才灌新的液氮，一般一星期灌两次较好。灌入液氮后不能马上开机，一定要等 4h 以后才能开启能谱仪电源。

六、思考与讨论

针对实际分析的样品，说明选择能谱分析参数的依据。

第八章 >>>
材料的制备与成形

实验二十五　合金的制备

内容一　合金钢的真空感应熔炼

一、实验目的

1. 了解真空感应熔炼设备的工作原理和结构。
2. 掌握熔炼和制备合金钢锭的基本操作和方法。

二、实验原理

真空感应熔炼（vacuum induction melting，VIM）在电磁感应过程中会产生涡电流，使金属熔化，用来提炼高纯度的金属及合金。真空感应熔炼可将溶于钢和合金中的氮、氢、氧和碳去除到远比常压下冶炼更低的水平，同时对于在熔炼温度下蒸气压比基体金属高的杂质元素（铜、锌、铅、锑、铋、锡和砷等）可通过挥发去除，而合金中需要加入的铝、钛、硼及锆等活性元素的成分易于控制。因此经真空感应熔炼的金属材料，其韧性、疲劳强度、耐腐蚀性能、高温蠕变性能以及磁性合金的磁导率等多种性能均明显得到提高。

1. 熔炼设备

真空感应熔炼设备（真空感应炉）包括电源输入系统、真空系统和炉体结构三大部分，具体见图 8-1。

（1）电源输入系统　通常选择 $300 \sim 500 \mathrm{kW}$ 熔炼每吨金属，电源频率的选择主要考虑熔池能得到充分的搅拌以利于合金料熔化和精炼反应的进行。为了得到充分的搅拌，有的感应炉备有搅拌辅助电源。选择较低输入电压，有利于解决真空下放电的绝缘问题。

（2）真空系统　选择真空系统首先应考虑熔室初抽的时间及各闸阀隔离室抽空所需的时间，例如通常主熔炼室要求 $15 \mathrm{min}$ 抽空至 $13.3 \mathrm{N \cdot m^{-2}}$（即 $0.1 \mathrm{Torr}$）；然后考虑精炼期气体排出量和对精炼期真空度的要求，这与选用的原材料种类、成分和对熔炼后合金成分的要求有很大关系。此

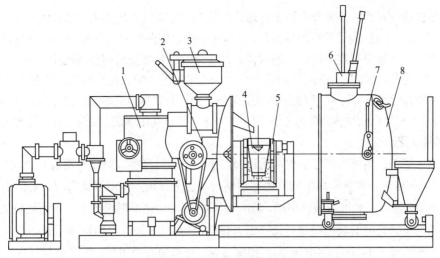

图 8-1　真空感应熔炼设备

1—真空系统；2—转轴；3—加料装置；4—坩埚；5—感应器；6—取样和捣料装置；7—测温装置；8—可动炉壳

外还要考虑外来气体源，这对大型炉子更为重要，例如由各真空密封处密封不严引起的漏气，坩埚、绝缘物、导流槽等耐火材料放气，以及炉壁沉积的挥发物吸气后的放气等。通常允许熔炼前熔炼室漏气加放气达到每千克坩埚容量 $6.65 \times 10^{-2} \sim 1.33 \times 10^{-1} N \cdot L/(m \cdot s)$。对炉体漏气要求愈小愈好，因为同一真空度下漏气大的炉子熔炼冶金效果差。通过在熔炼室安放便于清除挥发物的冷凝捕集器以及采用温水冷却炉壁可显著减少熔炼时炉体受热产生的大量放气（图 8-2）。

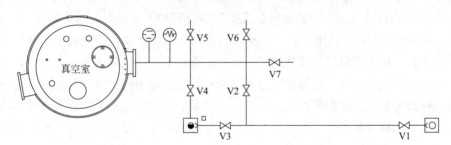

图 8-2　JVSM-2 型高真空感应熔炼甩带设备真空获得及充气系统原理

V1—电磁放气阀（机械泵前，与机械泵连锁，停机械泵的同时电磁阀断开，向机械泵充气，以避免返油）；V2—电磁挡板阀（真空室从大气开始抽气，通过它实现旁路抽气）；V3—电磁挡板阀（分子泵的前级阀门，对分子泵进行预抽）；V4—气动挡板阀（分子泵前的主抽阀）；V5—充气阀 1（真空室直接暴露大气或通过它充入干燥氮气）；V6—充气阀 2（真空室直接暴露大气或通过它充入干燥氮气）；V7—充气阀 3（喷铸实验时充入惰性气体）

（3）炉体结构　通常包括熔炼室和装料及辅助设备两大部分。

① 熔炼室。对小型真空感应炉（<500kg/炉）通常选择侧倾坩埚浇注的结构，在熔炼室内浇注，优点是结构紧凑。对工业规模用真空感应炉（>1t/炉）也为侧倾浇注；但铸锭室与熔炼室经真空闸阀隔开；坩埚与锭模之间经过一个水平导流槽相连接。

② 装料与辅助设备。有块料、合金料与液态金属等加料装置设备，常用为前两种。小炉的块料打开炉盖直接手工装料；大型炉子为了使熔炼室连续保持真空，专用闸阀在坩埚上方建有加料室，用底开式吊篮通过加料机构将块料直接送入坩埚。

③ 合金加料器。位于熔炼室之上，总容量约为熔炼料的 2%～10%，为多格分别贮料，通过

真空闸阀与振动送料器将各种合金料于合适的熔炼期间分别加入坩埚内的液态金属中。

④ 合金液取样器。为了控制冶炼过程,必须在不同熔炼期间取样分析合金成分与杂质含量。取样器可通过一小真空阀直接自熔池内取样,或者通过加料装置闸阀自熔池中取样。

⑤ 测温装置。温度是冶炼工艺的重要参数,使用辐射光学高温计测温,必须及时清除玻璃窗上的挥发物并对其进行校正。因此,标准的方法是用浸入式热电偶测温,它可通过专门真空阀门送入,或经过加料室闸阀送入。除此之外,还有捣料杆、可移动坩埚盖、锭模及导流槽等附属设备。

2. 熔炼工艺

真空感应熔炼的熔炼工艺包括坩埚的选择与制备、炉料准备、熔化与精炼、浇注等。

(1)坩埚的选择与制备 坩埚的寿命和坩埚与液态金属相互作用直接影响设备的生产率和金属成品的质量。通常小炉选用预制坩埚;较大熔炼炉(>250kg)采用打结法制备坩埚较为经济。用得最广泛的是不同纯度的氧化铝和氧化镁耐火材料,选用何种耐火材料取决于被熔合金的化学性质。对熔点较低而又不与碳反应的金属,如铀与铜,可选用石墨坩埚;对含化学活性多的合金则可选用氧化钙或氧化钇稳定化的氧化锆耐火材料。20世纪80年代真空感应炉的坩埚材料有了重要发展,用水冷铜片镶制坩埚可彻底免除坩埚与金属液间反应,从而可用真空感应炉熔炼钛、锆等活性金属;用预制氧化钙坩埚可大大提高熔炼金属的质量。

(2)炉料准备 真空感应熔炼使用的原材料需经仔细化验和选择,如对在真空中不易去除的磷与硫的含量应加以限制。在使用返回料时必须清除氧化皮、油、脂及其他易挥发污物。

(3)熔化与精炼 在第一批装料中含有全部非活性合金元素,同时希望有一定量的碳,这样在料熔化时碳可以充分脱氧,又起搅拌作用;相反在炼制超低碳合金时则配有过量氧以便在熔化期充分脱碳。熔化期要避免激烈沸腾造成金属液强烈喷溅损失,必要时在熔化期通入一定压力的氩气以抑止金属液沸腾。在精炼期,应注意熔池得到充分搅拌以利于金属液成分均匀和各种冶金反应的进行。精炼期温度应选择适当,温度高有利于提高反应速率,但温度过高会加速金属液与坩埚材料间的反应,从而导致金属液含氧量增高等不利影响;精炼期真空度应达到抽气设备实际的最高值,通常在 $1.33 \sim 0.13 N \cdot m^{-2}$ 之间,只有在炼制需要加入易挥发合金元素时才通入氩气阻止挥发损失;一般活性合金组元在金属液充分脱氧后加入,然后调整熔池温度准备浇注。

(4)浇注 浇注工艺直接影响产品质量。首先是精确控制浇注温度,选择浇注温度应使金属液具有良好的流动性,但不要使金属液过热导致烧伤模壁及冷凝产生的二次夹杂增多等缺点。其次采取措施防止浮渣等进入铸模,使用带挡渣板的导流槽能得到良好效果。为了填充铸锭缩孔,可使用发热保温帽、绝热保温帽、电弧加热和感应加热等办法。

3. 真空感应炉熔炼的特点

(1)产品的气体含量低、纯洁度高。

(2)能精确控制产品成分的含量。

(3)对原材料的适应性强。

(4)可在真空条件下浇注成锭,也可浇注成复杂形状的铸件。

但是,真空感应炉熔炼也存在一些问题,首先,熔炼过程中,所熔炼金属长时间与坩埚耐火材料接触,必然存在耐火材料玷污金属的问题。其次,所熔炼的金属液的凝固条件和一般浇注方法没有区别,所以仍然存在疏松、偏析等缺陷(表8-1和表8-2)。

表 8-1　不同熔炼方法制备的 SAE4340 钢中气体含量

冶炼方法	O_2 / %	H_2 / %	N_2 / %
炉料	0.0251	0.00018	0.0029
电弧炉	0.0031	0.00017	0.0039
非真空感应炉	0.0030	0.00010	0.0053
真空感应炉	0.0003	0.00001	0.0005

表 8-2　不同熔炼方法制备的 SAE4340 钢中氧化物夹杂含量

钢与合金	氧化物夹杂/%	
	非真空感应炉	真空感应炉
Cr20	0.034～0.044	0.006～0.010
Cr16Ni25W5AlTi2	0.025 0.013～0.044	0.006 0.003～0.010
Cr10Ni65Co10W5Mo5VAl4	0.012 0.006～0.010	0.0046 0.005～0.010

三、实验设备和材料

1. 主要设备

JVSM-2 型高真空感应熔炼设备（沈阳金研新材料制备技术有限公司）。

2. 主要材料

配制合金钢的原材料成分见表 8-3。

表 8-3　配制合金钢的原材料成分

材料名称	工业纯铁	W-Fe	Si-Fe	V-Fe	Ti-Fe
成　分	99.8%Fe	50.1%W	75%Si	49%V	30%Ti
材料名称	Cr	Ni	Mo-Fe	电解 Mn	海绵钛
成　分	99.8%Cr	99.8%Ni	62%Mo	99.7%Mn	99.1%Ti

四、实验内容

1. 准备工作

（1）打开真空室门；

（2）用干净的脱脂棉纱布或绸布蘸无水乙醇清洗真空室内部；

（3）清理坩埚放入适量合金钢原材料；

（4）调整好坩埚的位置，调整好模具位置；安装模具，注意放在钢水能倒出的位置；

（5）关闭真空室门，锁紧手轮准备抽真空。

2. 抽真空

（1）打开"总控制电源"开关；

（2）检查阀门工作用气瓶减压阀是否调整至气动阀门工作压力；

（3）检查真空室上所有的阀门是否关闭，各连接法兰螺钉是否松动；

（4）检查所有的电源控制开关是否都处在初始关闭的位置；

（5）启动控制电源上"机械泵"控制开关，机械泵开始运行；

（6）打开阀门（V2），开始抽真空；

（7）当系统真空度优于 5Pa 后，关闭阀门 V2，打开阀门（V3），启动分子泵进行抽高真空，打开阀门（V4）抽高真空；当真空度达到试验要求时，关闭阀门（V4）；

关闭真空计电源，按下分子泵电源停止按钮，当分子泵频率降到 0.0 时，关闭机械泵，关闭分子泵电源；

打开工作气体气瓶上的气体流量调节阀门，打开充气阀（V5），充入惰性气体（根据试验要求决定充气量）至 400～500Torr（1Torr=1.33×10^2Pa）。

3. 感应熔炼操作步骤

（1）打开感应熔炼柜电源，点击开始按钮。

（2）施加电流，慢慢旋转加大感应电流（0.1A 递加），待试样完全融化成钢水后，保持 1min。

（3）浇铸：通过操作杆导出钢水，关闭感应电流（先旋至 0，再按红色停止键，再关闭感应电流柜上电源开关），冷却至室温。

（4）拧开真空舱室旋钮（4 个），卸真空，取样。

（5）实验结束后清理熔炼室、密封圈等。

五、实验注意事项

1. 感应电流裸露在外的铜具有高压电，一定不要触碰，开启感应电流期间全程手持小操控器，放下小操控器即意味着感应过程结束，马上关闭感应电流。

2. 抽真空过程需严格顺序开关各级阀门。

3. 实验结束后检查设备状态，仪器不用时保持舱室为真空状态。

内容二　铝合金的熔炼与铸造

一、实验目的

1. 掌握铝合金的熔炼与铸造工艺的基本操作和方法。

2. 熟悉铝合金的配料比和计算方法。

二、实验原理

铝合金的熔炼和铸造是铝合金压力加工过程中首要的、必不可少的组成部分。它不仅给压力加工生产提供所必需的铸锭，而且铸锭质量在很大程度上影响着加工过程的工艺性能和产品质量。铝合金熔铸的主要任务就是提供符合加工要求的优质铸锭。

1. 合金元素在铝中的溶解

合金添加元素在熔融铝中的溶解是合金化的重要过程。元素的溶解与其性质有着密切的关系，受添加元素固态结构结合力的破坏和原子在铝液中的扩散速度控制。元素在铝液中的溶解作用可用合金元素与铝的合金系相图来确定，通常与铝形成易熔共晶的元素易溶解；与铝形成包晶转变的，特别是熔点相差很大的元素难以溶解。如 Al-Mg、Al-Zn、Al-Cu、Al-Li 等为共晶型合金系，其熔点也比较接近，合金元素较容易溶解，在熔炼过程可直接添加到铝熔体中；Al-Si、Al-Fe、Al-Be 等合金系虽也存在共晶反应，但由于熔点相差很大，溶解得很慢，需要较大的过热才能完全溶解；Al-Ti、Al-Zr、Al-Nb 等具有包晶型相图，都属难熔金属元素，在铝中的溶解很困难，为了使其在铝中尽快溶解，必须以中间合金形式加入。

2. 铝合金熔体的净化

（1）熔体净化的目的　铝合金在熔炼过程中，熔体中存在气体、各种夹杂物及其他金属杂质等，往往使铸锭产生气泡、气孔、夹杂物、疏松、裂纹等缺陷，对铸锭的加工性能及制品强度、塑性、抗蚀性、阳极氧化性和外观品质有显著影响。熔体净化就是利用物理化学原理和相应的工艺措施，除去液态金属中的气体、夹杂物和有害元素，以便获得纯净金属熔体的工艺方法。根据合金的品种和用途不同，对熔体纯净度的要求有一定的差异，通常从氧含量、非金属夹杂和钠含量等几个方面来控制。

（2）熔体净化方法　熔体净化方法包括传统的炉内精炼和后来发展的炉外净化。铝合金熔体净化方法按其作用原理可分为吸附净化和非吸附净化两种基本类型。吸附净化是指通过铝熔体直接与吸附体（如各种气体、液体、固体精炼剂及过滤介质）相接触，使吸附剂与熔体中的气体和固体氧化夹杂物发生化学的、物理的或机械的作用，达到除气、除夹杂物的目的。属于吸附净化的方法有吹气法、过滤法、熔剂法等。非吸附净化是指不依靠向熔体中加吸附剂，而是通过某种物理作用（如真空、超声波、密度差等），改变金属-气体系统或金属-夹杂物系统的平衡状态，从而使气体和固体夹杂物从铝熔体中分离出来。属于非吸附净化方法有静置处理、真空处理、超声波处理等。

（3）铝合金铸坯成形　铸坯成形是将金属液铸成形状、尺寸、成分和质量符合要求的锭坯。一般而言，铸锭应满足下列要求：

① 铸锭形状和尺寸必须符合压力加工的要求，以避免增加工艺废品和边角废料。

② 坯料内外不应有气孔、缩孔、夹渣、裂纹及明显偏析等缺陷，表面光滑平整。

③ 坯锭的化学成分符合要求，结晶组织基本均匀。

铸锭成形方法目前广泛应用的有块式铁模铸锭法、直接水冷半连续铸锭法和连续铸轧法等。

三、实验设备和材料

1. 主要设备

（1）熔炼炉：井式坩埚电阻炉。

铝合金熔炼可在电阻炉、感应炉、油炉、燃气炉中进行，易偏析的中间合金在感应炉熔炼为好，而易氧化的合金在电阻炉中熔化为宜。

（2）坩埚：石墨黏土坩埚。

铝合金熔炼一般采用铸铁坩埚、石墨黏土坩埚、石墨坩埚，也可采用铸钢坩埚。

2. 主要材料

（1）配制铝合金的原材料见表 8-4。

表 8-4　配制铝合金的原材料

材料名称	材料牌号	用　途
铝　锭	Al99.7	配制铝合金
镁　锭	Mg99.80	配制铝合金
锌　锭	Zn-3 以上	配制铝合金
电解铜	Cu-1	配制铝铜中间合金
金属铬	JCr1	配制铝铬中间合金
电解金属锰	DJMn99.7	配制铝锰中间合金

（2）配制铝铜、铝锰、铝铬中间合金时，先将铝锭熔化并过热，再加入合金元素，实验中主

要采用的中间合金见表 8-5。

表 8-5 实验所采用的中间合金

中间合金名称	组元成分范围/%	熔点/℃	特性
铝铜中间合金锭	48~52Cu	575~600	脆
铝锰中间合金锭	9~11Mn	780~800	不脆
铝铬中间合金锭	2~4Cr	750~820	不脆

（3）熔剂及配比。50% NaCl+40% KCl+6% Na_3AlF_6+4% CaF_2 混合物覆盖,用六氯乙烷(C_2Cl_6)除气精炼。

四、实验内容

1. 熔铸工艺流程

原材料准备→预热坩埚至发红→加入纯铝和少量覆盖剂→升温至 750~760℃待纯铝全部熔化→加中间合金→加覆盖剂→毕后充分搅拌→扒渣→加镁→加覆盖剂→精炼除气→扒渣→再加覆盖剂→静置→扒渣→出炉→浇铸。

（1）原材料准备:配料包括确定计算成分,炉料的计算是决定产品质量和成本的主要环节。配料的首要任务是根据熔炼合金的化学成分、加工和使用性能确定其计算成分;其次是根据原材料情况及化学成分,合理选择配料比;最后根据铸锭规格尺寸和熔炉容量,按照一定程序正确计算出每炉的全部料量。

配料计算:根据材料的加工和使用性能的要求,确定各种炉料品种及配比。

① 熔炼合金时首先要按照该合金的化学成分进行配料计算,一般采用国标的算术平均值。

② 对于易氧化、易挥发的元素,如 Mg、Zn 等,一般取国标标准的上限或偏上限计算成分。

③ 在保证材料性能前提下,参考铸锭及加工工艺条件,应合理、充分利用旧料。

④ 确定烧损率。合金中易氧化、易挥发的元素在配料计算时要考虑烧损。

⑤ 为了防止铸锭开裂,硅和铁的含量有一定的比例关系,必须严格控制。

⑥ 根据熔体和模具的尺寸要求配料的质量。

根据实验的具体情况,配置两种高强高韧铝合金:

① 2024 铝合金:Cu 3.8%~4.9%, Mg 1.2%~1.8%, Mn 0.3%~0.9%, 余 Al。

② 7075 铝合金:Zn 5.1%~6.1%, Mg 2.1%~2.9%, Cu 1.2%~2.0%, Cr 0.18%~0.28%, 余 Al。

在实验中,根据实验要求具体情况来配比,如熔铸 2024（Al-4.4Cu-1.5Mg-0.6Mn）铝合金,根据模具大小合金需要 1000g。配料计算如下所述:

① Cu 的质量:1000×4.4%=44g,铜的烧损量可以忽略不计,采用 Al-50Cu 中间合金加入,那么需 Al-50Cu 中间合金:44/50%=88 g;

② Mg 的质量:1000×1.5%=15g,镁的烧损按 3%计算,那么需 Mg 的总重为 15×(1+3%)=15.45g;

③ Mn 的质量:1000×0.6%=6g,锰的烧损量可以忽略不计,采用 Al-10Mn 中间合金加入,那么需 Al-10Mn 中间合金:6/10%=60g;

④ Al 的质量:1000×93.5%-(44+54)=837g。

（2）坩埚的准备:新坩埚使用前应清理干净并仔细检查有无穿透性缺陷,坩埚要烘干、烘透才能使用。

（3）模具及工具的准备:浇注铁模及熔炼工具使用前必须除尽残余金属及氧化皮等污物,经过 200～300℃预热并涂以防护涂料。涂料一般采用氧化锌和水或水玻璃调和。涂完涂料后的模具及熔炼工具使用前再经 200～300℃预热烘干。

2. 熔铸方法

（1）熔炼时，熔剂需均匀撒入，待纯铝全部熔化后再加入中间合金和其他金属，压入溶液内，不准露出液面。

（2）炉料熔化过程中，不得搅拌金属。熔料全部熔化后可以充分搅拌，使成分均匀。

（3）铝合金熔液温度控制在 720～760℃之间。

（4）炉料全部熔化后，在熔炼温度范围内扒渣，扒渣尽量彻底干净，少带金属。

（5）在出炉前或精炼前加入镁，以确保合金成分。

（6）熔剂要保持干燥，钟罩要事先预热，然后放入熔液内，缓慢移动，进行精炼，精炼要保证一定时间，彻底除气、除渣。

（7）精炼后要撒熔剂覆盖，然后静置一定时间，扒渣，出炉浇注。浇注时流速要平稳，不要断流，注意补缩。

3. 实验组织和程序

4～5 人一组，任选 2024 或 7075 铝合金进行实验。每组参照上述配料计算方法和熔铸工艺流程，领取相应的原材料进行实验，熔铸出合格的铝合金铸锭。

五、思考与讨论

分析讨论铝合金熔炼过程中除气、除渣的作用及注意事项。

实验二十六　粉体材料热压烧结成形实验

内容一　粉体制备实验

一、实验目的

1. 掌握球磨的工艺原理和操作方法。
2. 掌握筛分的工艺原理和操作方法。
3. 了解影响球磨与筛分的主要因素。

二、实验原理

1. 球磨

球磨是将粉体与球磨介质（也称为磨球）装入专用的球磨筒（罐）中，在球磨机上使球磨筒以一定转速（低于临界转速）转动，依靠磨球的冲击、磨剥作用，对粉体颗粒产生粉碎作用；当有液体介质（如水、酒精等）存在时，称为湿法球磨，无液体介质时称为干法球磨。在球磨初期，颗粒较粗，冲击作用较大，当粉料磨细，细颗粒多时，由于细粉的缓冲作用，冲击作用变弱，则以磨剥作用为主。随球磨时间延长,颗粒粒度不断减小。但在其他条件一定的情况下,并非任意延长时间就能提高球磨效率,粒度降至某一值时就基本不变,此时过于延长时间只会造成介质的磨耗。影响球磨效果的因素很多,主要有转速、球磨时间、粉-球比例、磨球的尺寸、级配、形状和种类等,至今尚无定量确定的方法,一般依靠实验获得的经验确定。球磨处理时,还需要重视防止污染的问题,随着球磨的进行,球磨筒(罐)的内壁材料和磨球也必然发生磨耗,磨耗物混入粉料中造成污染,很难消除。球磨罐、磨球应专用,避免不同粉料之间产生污染。

2. 筛分

筛分是使颗粒群在筛面上做相对运动(垂直、水平方向都有),靠颗粒的重力,使最大长度尺寸小于筛孔尺寸的部分颗粒通过筛孔,从而实现对粉体的分离、分级。筛孔尺寸是控制筛下颗粒尺寸的关键。颗粒越细,之间的黏附力越大,200目及以上的干粉很难筛下。粉料中所含水分越少,越有利于筛分,但当水分多于一定量,粉料成为浆体时,又可加速筛分。实验室处理的粉体量少,一般不追求筛分效率,而主要控制筛下颗粒的粒度组成,常将筛分与细研交替进行。

三、实验设备和材料

1. 主要设备

JX-4G 行星式球磨机;500mL 不锈钢球磨罐,4 只;磨球,氧化锆质,2000g;尼龙丝网分样筛,60 目、80 目、100 目、200 目各一只;取粉勺,大号搪瓷托盘,8 开白纸数张;无色塑料盆(直径 220~250mm)或直径合适的瓷质、搪瓷容器等。

2. 主要材料

金属粉末或氧化物粉末等。

四、实验内容

1. 所用取粉勺、托盘、筛子均先洗净并烘干。

2. 根据欲球磨的粉量和球磨罐容积,确定用几只罐,500mL 罐一般最多处理 100g 干粉(装料最大容积为球磨罐容积的 2/3),试样直径通常为 1mm 以下,固体颗粒一般不超过 3mm;10mm 直径 ZrO_2 球和 20mm 直径 ZrO_2 球数量按 10:1 混放,按粉:球=1:(5~10)(质量比),分别称好 ZrO_2 球、待磨粉放入球罐,上好罐盖。

3. 将已装好球、料的球磨罐放置到磨罐座内。球磨罐应对称安装,禁止单罐或三罐运行,对称两球磨罐总重量尽量保持一致。球磨罐底中心尽量与磨罐座中心一致。将磨罐顶紧装置横梁嵌入磨罐座内,将顶杆拧紧,使磨罐固定在磨罐座内,最后拧紧放松螺母,使整个装置处于顶紧状态。

4. 用插头线连接电源盒控制器,在控制器上设定运行方式及运行参数后,启动电机。

5. 球磨结束后,关闭球磨机电源及其他仪器设备的电源开关。

6. 取出罐内的球和粉料,进行筛分分级,将分级后的粉体分别装瓶,进行下一步实验。

7. 清理实验场地,归整实验仪器。

五、思考与讨论

1. 对同量粉料球磨时,磨球尺寸大好还是小好?

2. 在球磨过程中,大球和小球主要各起什么样的作用?

内容二　铁基粉末冶金实验

一、实验目的

1. 掌握粉末冶金零件制备过程。
2. 了解烧结温度对烧结过程和制品性能的影响。
3. 了解烧结时间对烧结过程和制品性能的影响。
4. 了解石墨添加量对烧结过程和制品性能的影响。

二、实验原理

粉末冶金是制取金属粉末或用金属粉末（或金属粉末与非金属粉末的混合物）作为原料，经过成形和烧结，制取金属材料、复合材料以及各种类型制品的技术。目前，粉末冶金技术已被广泛应用于交通、机械、电子、航空航天、兵器、生物、新能源、信息和核工业等领域，成为新材料科学中最具发展活力的分支之一。粉末冶金技术具备显著节能、省材、性能优异、产品精度高且稳定性好等一系列优点。另外，部分用传统铸造方法和机械加工方法无法制备的材料和复杂零件也可用粉末冶金技术制造，因而备受工业界的重视。

粉末冶金具有独特的化学组成和机械、物理性能，而这些性能是用传统的熔铸方法无法获得的。运用粉末冶金技术可以直接制成多孔、半致密或全致密材料和制品，如含油轴承、齿轮、凸轮、导杆、刀具等，是一种少无切削工艺。

1. 粉末冶金技术可以最大限度地减少合金成分偏聚，消除粗大、不均匀的铸造组织。在制备高性能稀土永磁材料、稀土储氢材料、稀土发光材料、稀土催化剂、高温超导材料、新型金属材料（如 Al-Li 合金、耐热 Al 合金、超合金、粉末耐蚀不锈钢、粉末高速钢、金属间化合物高温结构材料等）具有重要的作用。

2. 可以制备非晶、微晶、准晶、纳米晶和超饱和固溶体等一系列高性能非平衡材料，这些材料具有优异的电学、磁学、光学和力学性能。

3. 实现多种类型的复合，充分发挥各组元材料各自的特性，是一种低成本生产高性能金属基和陶瓷复合材料的工艺技术。

4. 可以生产普通熔炼法无法生产的具有特殊结构和性能的材料和制品，如新型多孔生物材料、多孔分离膜材料、高性能结构陶瓷磨具和功能陶瓷材料等。

5. 可以实现近净成形和自动化批量生产，从而，可以有效地降低生产的资源和能源消耗。

6. 可以充分利用矿石、尾矿、炼钢污泥、轧钢铁鳞以及回收废旧金属作原料，是一种可有效进行材料再生和综合利用的新技术。

常见的机加工刀具和五金磨具，大部分就是采用粉末冶金技术制造。

三、实验设备和材料

1. 主要设备

台式电动粉末压片机、真空热压烧结炉、JX-4G 行星球磨机、模具、电子天平、游标卡尺、金相显微镜、洛氏硬度计。

2. 主要材料

电解铁粉、石墨粉、硬脂酸锌、机油、氩气等。

四、实验内容

1. 配料

先将铁粉进行筛分，再根据实验方案称取相应重量的还原铁粉，为改善石墨粉与铁粉混合均匀，加入少许机油，混匀后再加入相应配比的石墨粉、少许润滑剂（硬脂酸锌，1.0%），然后在球磨机上进行混料（球磨转速为300r·min^{-1}，球磨2h）（实验所用原材料事先备好）。

2. 压制试样（由实验指导教师演示，学生操作）

采用台式电动粉末压片机将粉料进行压片，在压力表显示25MPa下压制试样，测量并计算毛坯密度。

3. 烧结

按制订好的烧结工艺烧结，随炉冷却到室温，整个烧结过程氩气保护。

室温～300℃	1h	保温1h
300～700℃	1h	保温1h
700～1170℃或1250℃	1h	保温2h

含碳量为0.2%、0.8%的样品在1250℃进行烧结，保温2h。

含碳量为2.0%的样品在1170℃进行烧结，保温1.5h。

4. 性能检测

测量并计算烧结后试样密度，观察烧结后金相形貌变化及检测烧结后试样硬度。

5. 数据记录

试样烧结前后测得的相关实验数据填入表8-6和表8-7，并对数据和金相形貌进行分析。

表8-6　冷压烧结试样

石墨含量/%	试样直径/mm		试样质量/g		试样高度/mm		试样密度（ρ）	
	烧结前	烧结后	烧结前	烧结后	烧结前	烧结后	烧结前	烧结后

排水法测密度公式：

$$\rho_{固} = w_1 / (w_1 - w_2)$$

式中，w_1为物体在空气中的质量，g；w_2为物体在蒸馏水中的质量，g。

表8-7　测量密度（排水法）及硬度

石墨含量/%	冷压烧结试样		
	压坯密度（ρ_1）	烧结后密度（ρ_2）	硬度/HB

五、思考与讨论

不同碳含量的铁、石墨合金粉末烧结后金相形貌与Fe-Fe$_3$C相图中对应碳含量的金相组织有何差别？试分析原因？可采取什么措施减小或消除这种差别？

第九章 >>>
金属的热处理

实验二十七 碳钢的热处理

一、实验目的

1. 掌握碳钢的基本热处理（退火、正火、淬火及回火）工艺方法。
2. 了解冷却条件与钢性能的关系。
3. 了解淬火及回火温度对钢性能的影响。
4. 对比分析碳钢正火和调质后的性能差异。

二、实验原理

1. 概述

热处理是一种很重要的热加工工艺方法，也是充分发挥金属材料性能潜力的重要手段。热处理的主要目的是改变钢的性能，其中包括使用性能及工艺性能。钢的热处理工艺特点是将钢加热到一定的温度，经一定时间的保温，然后以某种速度冷却下来，通过这样的工艺过程能使钢的性能发生改变。热处理之所以能使钢的性能发生显著变化，主要是由于钢的内部组织结构可以发生一系列变化。采用不同的热处理工艺过程，将会使钢得到不同的组织结构，从而获得所需要的性能。

钢的普通热处理工艺包括退火、正火、淬火和回火。

2. 钢的退火和正火

钢的退火通常是把钢加热到临界温度 A_{c1} 或 A_{c3} 以上，保温一段时间，然后随炉缓缓地冷却。此时，奥氏体在高温区发生分解而得到比较接近平衡状态的组织。

一般中碳钢（如 40# 钢、45# 钢）经退火后组织稳定，硬度较低（$180\sim220HBW$）有利于下一步进行切削加工。

正火则是将钢加热到 A_{c3} 或 A_{ccm} 以上 $30\sim50℃$，保温后进行空冷。由于冷却速度稍快，与退火组织相比，组织中的珠光体相对量较多，且片层较细密，所以性能有所改善。对低碳钢来说，正火后提高硬度可改善切削加工性，提高零件表面光洁度；对高碳钢，正火可消除网状二次渗碳体，为下一步球化退火及淬火作组织上的准备。不同含碳量的碳钢在退火及正火状态下的强度和硬度值见表 9-1。

表 9-1　碳钢在退火及正火状态下的机械性能

性能	热处理状态	含碳量/%		
		≤0.1	0.2~0.3	0.4~0.6
硬度 （HBW）	退火	~120	150~160	180~200
	正火	130~140	160~180	220~250
强度 R_m /（MN·m⁻²）	退火	200~330	420~500	360~670
	正火	340~360	480~550	660~760

3. 钢的淬火

所谓淬火就是将钢加热到 A_{c3}（亚共析钢）或 A_{c1}（共析钢和过共析钢）以上 30~50℃，保温后放入各种不同的冷却介质中快速冷却（应大于临界冷却速度），以获得马氏体组织。碳钢经淬火后的组织由马氏体及一定数量的残余奥氏体组成。

为了正确地进行钢的淬火，必须考虑下列三个重要因素：淬火加热温度、保温时间和冷却速度。

（1）淬火温度的选择　正确选定加热温度是保证淬火质量的重要一环。淬火时的具体加热温度主要取决于钢的含碳量，可根据 Fe-Fe₃C 相图确定，如图 9-1 所示。对亚共析钢，其加热温度为 A_{c3} 以上 30~50℃，若加热温度不足（低于 A_{c3}），则淬火组织中将出现铁素体，造成强度及硬度的降低。对过共析钢，加热温度为 A_{c1} 以上 30~50℃，淬火后可得到细小的马氏体与粒状渗碳体，后者的存在可提高钢的硬度和耐磨性。过高的加热温度（如超过 A_{ccm}）不仅无助于强度、硬度的增加，反而会由于产生过多的残余奥氏体而导致硬度和耐磨性的下降。

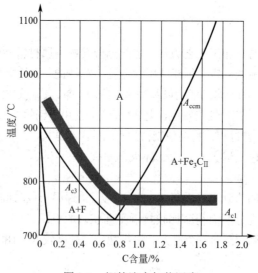

图 9-1　钢的淬火加热温度

需要指出，不论在退火、正火及淬火时，均不能任意提高加热温度。温度过高晶粒容易长大，而且增加氧化脱碳和变形的倾向。各种不同成分碳钢的临界温度列于表 9-2 中。

表 9-2　各种碳钢的临界温度（近似值）

类别	钢号	临界温度/℃			
		A_{c1}	A_{c3} 或 A_{ccm}	A_{r1}	A_{r3}
碳素结构钢	20	735	855	680	835
	30	732	813	677	835
	40	724	790	680	796
	45	724	780	682	760
	50	725	760	690	750
	60	727	766	695	721
碳素工具钢	T7	730	770	700	743
	T8	730	—	700	—
	T10	730	800	700	—
	T12	730	820	700	—
	T13	730	830	700	—

（2）保温时间的确定　保温时间与加热温度、工件的形状尺寸等因素有关，一般按照经验公式加以估算，碳钢在电炉中的保温时间列于表 9-3。

表 9-3　碳钢在箱式电炉中保温时间的确定

加热温度/℃	工件形状及保温时间		
	圆柱形 /(min/mm 直径)	方形 /(min/mm 厚度)	板形 /(min/mm 厚度)
700	1.5	2.2	3
800	1.0	1.5	2
900	0.8	1.2	1.6
1000	0.4	0.6	0.8

（3）冷却速度的影响　冷却是淬火的关键工序，它直接影响到钢淬火后的组织和性能。冷却时应使冷却速度大于临界冷却速度，以保证获得马氏体组织。在这个前提下又应尽量缓慢冷却，以减小内应力，防止变形和开裂。为此，可根据 C 曲线，使淬火工件在过冷奥氏体最不稳定的温度范围（650～550℃）进行快冷（即与 C 曲线的"鼻尖"相切），而在较低温度（300～100℃）时的冷却速度则尽可能小些。

为了保证淬火效果，应选用适当的冷却介质（如水、油等）和冷却方法（如双液淬火、分级淬火等）。不同的冷却介质在不同的温度范围内的冷却能力有所差别。各种冷却介质的特性见表 9-4。

表 9-4　几种常用冷却介质的特性

冷却介质	在下列温度范围内的冷却速度/（℃·s^{-1}）	
	650～550℃	300～200℃
18℃的水	600	270
26℃的水	500	270
50℃的水	100	270

冷却介质	在下列温度范围内的冷却速度/（℃·s⁻¹）	
	650～550℃	300～200℃
74℃的水	30	200
10% NaCl 水溶液（18℃）	1100	300
10% NaOH 水溶液（18℃）	1200	300
10% Na₂CO₃ 水溶液（18℃）	800	270
肥皂水	30	200
菜籽油	200	35
矿物器油	150	30
变压器油	120	25

4. 钢的回火

钢经淬火后得到的马氏体组织质硬而脆，并且工件内部存在很大的内应力，如果直接进行磨削加工往往会出现龟裂。一些精密的零件在使用过程中将会引起尺寸变化而失去精度，甚至开裂。因此，淬火钢必须进行回火处理。不同的回火工艺可以使钢获得所需的各种不同性能。表 9-5 为 45#钢经淬火及不同温度回火后的组织和性能。

表 9-5　45#钢经淬火及不同温度回火后的组织和性能

类型	回火温度	回火后的组织	回火后硬度	性能特点
低温回火	150～250℃	回火马氏体+残余奥氏体+碳化物	HRC 60～57	高硬度，内应力减小
中温回火	350～500℃	回火屈氏体	HRC 35～45	硬度适中，有高的弹性
高温回火	500～650℃	回火索氏体	HRC 20～33	具有良好塑性、韧性和一定强度相配合的综合性能

对碳钢来说，回火工艺的选择主要是考虑回火温度和保温时间这两个因素。各种钢材的回火温度与硬度之间的关系曲线可从有关手册中查阅。现将几种常用的碳钢（45#钢、T8 钢、T10 钢和 T12 钢）回火温度与硬度的关系列于表 9-6。

表 9-6　常用碳钢不同温度回火后的硬度值（HRC）

回火温度/℃	45#钢	T8 钢	T10 钢	T12 钢
150～200	60～54	64～60	64～62	65～62
200～300～	54～50	60～55	62～56	62～57
300～400～	50～40	55～45	56～47	57～49
400～500	40～33	45～35	47～38	49～38
500～600	33～24	35～27	38～27	38～28

注：由于具体处理条件不同，上述数据仅供参考。

也可以采用经验公式近似地估算回火温度。例如 45#钢的回火温度经验公式为：

$$T(℃) \approx 200 + K(60 - x) \tag{9-1}$$

式中，K 为系数，当回火后要求的硬度值>HRC30 时，$K=11$；<HRC30 时，$K=12$；x 为所要求的硬度值，HRC。

保温时间：回火保温时间与工件材料及尺寸、工艺条件等因素有关，通常采用 1～3h。由于实验所用试样较小，故回火保温时间可为 30min，回火后在空气中冷却。

三、实验设备和材料

1. 主要设备

箱式电阻炉、冲击试验机、洛氏硬度计、磨平机。

2. 主要材料

45#钢冲击试样（每组 5 个）。

四、实验内容

45#钢的正火、淬火及淬火后的高、中、低温回火。测量各种热处理状态下的洛氏硬度值 HRC 及冲击韧性。

1. 按单人单组进行分组，每组领取 45#钢冲击试样（每组 5 个）。

2. 根据试样材料和尺寸制订热处理工艺，填入表 9-7 中。

表 9-7　45#钢热处理的加热温度和保温时间

热处理工艺	正火	淬火	淬火+低温回火	淬火+中温回火	淬火+高温回火
加热温度/℃					
保温时间/min					
冷却介质					

3. 将 45#钢试样用细铁丝捆绑，以便于淬火、正火、回火操作。

4. 将捆绑好的 45#钢试样放入炉中，分别调节炉温控制表，设定要加热的炉子温度，等炉温升至指定温度，开始计算保温时间。

5. 保温到规定时间，打开炉门，分别将其中一个 45#钢试样在空气中冷却（正火），其余试样在水中冷却（淬火）。

6. 把在水中淬火的 45#钢试样分别放入三个炉子中，分别调节炉温控制表，设定不同温度（200℃、400℃、600℃），以进行低温、中温、高温回火。

7. 将淬火、正火后不需回火的试样在磨平机上轻轻磨去氧化皮，擦干后测量硬度值。为了便于比较，全部测洛氏硬度（HRC），测完硬度再测冲击韧性。

8. 回火保温到规定时间后，取出试样（水冷），磨去氧化皮，测量硬度，测完硬度再测冲击韧性，数据填于表 9-8 中。

表 9-8　45#钢热处理实验结果

热处理工艺	硬度 HRC				冲击韧性 KV_2
	1#	2#	3#	平均值	
正　火					
淬　火					
淬火+低温回火					
淬火+中温回火					
淬火+高温回火					

1. 往炉中放、取试样必须使用夹钳，夹钳必须擦干，不得沾有油和水。开关炉门要迅速，炉门打开时间不宜过长。

2. 试样由炉中取出淬火操作时，动作要迅速，以免在水中冷却前温度已下降至临界点以下，而影响淬火质量；操作时，指导教师先演示，学生再体会操作；水温应保持在 20~30℃，过高时应及时更换。

3. 试样在淬火液中应不断搅动，且不要移出液面，否则试样表面会由于冷却不均而出现软点。

4. 淬火或回火后的试样均要用砂纸或磨平机打磨，去掉氧化皮后再测定硬度值。用磨平机打磨时，要边打磨边蘸水，特别是淬火试样，防止回火。

5. 实验结束，检查电炉电源，收拾试验台面。

六、思考与讨论

1. 亚共析钢、过共析钢淬火加热温度应该是多少，为什么？

2. 为什么一般碳钢回火后的冷却方式不限？如果钢回火后急冷，是否会比回火后慢冷更硬？为什么几何形状复杂的零件，回火后应该缓慢冷却？

实验二十八　固溶淬火温度对铝合金时效效果的影响

一、实验目的

1. 了解固溶淬火工艺（淬火前加热温度、保温时间及淬火速度等）对铝合金时效效果的影响。

2. 掌握金属材料最佳淬火温度的确定方法。

二、实验原理

1. 概述

淬火及时效是铝合金重要的热处理形式，它是提高铝合金强度性能的重要手段。对于铝合金及大多数有色合金而言，淬火主要是为了得到过饱和固溶体，为时效操作做好组织上的准备。经淬火之后，不同合金的性能变化也大不相同。有些合金淬火之后强度提高而塑性降低，有些合金则强度降低而塑性提高，还有些合金淬火后强度、塑性都提高，也有的合金淬火后其性能基本上不发生变化。变形铝合金淬火后最常见的情况是在保持高塑性的情况下提高强度。铸造铝合金淬火后强度和塑性通常都有所提高。

对大多数铝合金而言，淬火后强度虽有所提高，但提高的幅度不大。要想大大提高合金的强度性能，必须在淬火后进行时效处理。所谓时效就是将淬火状态的合金在一定温度下保持适当时间，使淬火得到的过饱和固溶体发生分解，从而大大提高合金的强度。

淬火及时效处理作为金属材料的强化手段有其独特的优点，因为它可在不改变材料形状的情况下获得优异的综合性能，因而是一种发挥材料潜力的极为有效的方法。

2. 淬火工艺的确定原则

（1）淬火加热温度　原则上，可根据相图来确定合金的淬火加热温度（图9-2）。

淬火加热温度的下限为固溶度曲线 ab，而上限为开始熔化温度。一般进行淬火-时效处理的合金，含合金元素浓度高。由图9-2可知，淬火温度的要求比较严格，容许的波动范围小。例如某些铝合金淬火温度仅容许有 $\pm 2 \sim \pm 3 ℃$ 的波动，还要求在加热过程中金属温度能够保证较好的均匀性。因此，淬火加热所采用的设备一般为温度能准确控制以及炉内温度均匀的浴炉或气体循环炉，工件以单片的方式悬挂于炉中，这不仅能保证均匀加热，而且能保证淬火时均匀冷却。当然，对于淬火温度范围较宽的合金，淬火加热就易于控制。

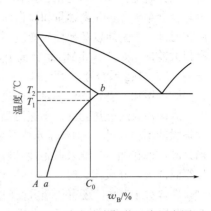

图9-2　确定淬火加热温度示意图

淬火时金属内部会发生一系列物理化学变化，除最主要的相态变化外，还会产生再结晶、晶粒长大以及与周围介质的作用等，这些变化对淬火后合金的性能都会带来影响。在确定淬火温度时，应根据不同合金的特点予以考虑。例如，在不发生过烧的前提下，提高淬火温度有助于加速时效强化过程，但某些合金（如6A02铝合金）在高温下晶粒长大倾向大，则应限制最高的加热温度。

过烧是淬火时易于出现的缺陷。轻微过烧时，表面特征不明显，显微组织观察到晶界稍变粗，并有少量球状易熔组成物，晶粒也较大。反映在性能上，冲击韧性降低，腐蚀速率大为增加。严重过烧时，除了晶界出现易熔物薄层，晶内出现球状易熔物外，粗大的晶粒晶界平直、严重氧化，三个晶粒的衔接点呈黑三角，有时出现沿晶界的裂纹在制品表面,颜色发暗,有时也出现气泡等。

（2）淬火加热保温时间　保温的目的在于使相变过程能够充分进行（过剩相充分溶解），使组织充分转变到淬火需要的形态，在工业成批生产条件下，保温时间应当自炉料最冷部分达到淬火温度的下限算起。保温时间的长短主要取决于成分、原始组织及加热温度。温度越高，相变速率越大，所需保温时间越短。例如2A12铝合金在 $500℃$ 加热，只需保温 10min 就足以使强化相溶解，自然时效后获得最高强度（441MPa）；若 $480℃$ 加热则需保温 15min，自然时效后的最高强度也较 $500℃$ 淬火时的低（412MPa）。材料的预先处理和原始组织（包括强化相尺寸、分布状态等）对保温时间也有很大影响。通常，铸态合金中的第二相较粗大，溶解速率较小，它所需的保温时间远比变形后的合金长。就同一变形合金来说，变形程度大的要比变形程度小的所需时间短。退火状态合金中，强化相尺寸较已淬火-时效后的合金粗大，故退火状态合金淬火加热保温时间较重新淬火的保温时间长得多。保温时间还与装炉量、工件厚度、加热方式等因素有关，装炉量越多、工件越厚，保温时间应越长。浴炉加热比气体介质加热（包括热风循环炉）速度快、时间短。

为获得细晶粒组织并防止晶粒长大，在保证强化相全部溶解的前提下，尽量采用快速加热及短的保温时间是合理的。

（3）淬火冷却速度　冷却速度是重要工艺参数之一，其大小取决于过饱和固溶体的稳定性。过饱和固溶体稳定性可根据C曲线位置来估计。若合金从淬火温度下以不同速度 v_1，v_2，……进行冷却（图9-3），则与C曲线相切的冷却速度 v_c 称为临界冷却速度，即可防止固溶体在冷却过程中发生分解的最小冷却速度。当制品中心点的冷却速度大于 v_c 时，整个制品的

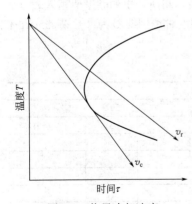

图9-3　临界冷却速度

各个部分就能把高温状态的固溶体保留下来，此种情况就表示这种制品"淬透了"。临界冷却速度与合金系、合金元素含量和淬火前合金组织有关。不同的合金系，原子扩散速率不同，基体与脱溶时间、表面能以及弹性应变能不同。因此，不同系中脱溶相形核速率不同，使固溶体稳定性有很大差异。如 Al-Cu-Mg 系合金中，铝基固溶体稳定性低，因而 v_c 大，必须在水中淬火；而中强的 Al-Zn-Mg 系合金，铝基固溶体稳定性高，可以在静止空气中淬火。同一合金系中，当合金元素浓度增加，基体固溶体过饱和度增大时，固溶体稳定性降低，因而需要更大的冷却速度。

水中淬火所能达到的冷却速度高于大多数铝、镁、铜、镍及铁基合金制件临界冷却速度（尺寸很大的制件除外）。但淬于水中易使制件产生大残余应力及变形。为克服这一缺点，把水温适当升高，或在油、空气及其他冷却较缓和的介质中淬火。此外，也可采用一些特殊的淬火方法，如等温淬火、分级淬火等。

在淬火工艺中，还有一个重要问题，即淬火转移时间。对于那些不能在空气中冷却淬火的合金，自加热炉中取出转移至淬火槽必然要在空气中冷却一段时间。若在这段时间内固溶体发生部分分解，则不仅会降低时效后强度性能，而且对材料晶间腐蚀抗力也有不利影响。例如 7A04 铝合金在空气中转移时间由 3～5s 增加至 20s，会使时效后的抗拉强度降低 10～15MPa，屈服强度降低 30～40MPa，因此这类合金应尽量缩短转移时间。

三、实验设备和材料

1. 主要设备

箱式电阻炉和坩埚电阻炉、淬火水槽、布氏硬度计、读数显微镜。

2. 主要材料

2024 铝合金试样。

四、实验内容

1. 每班分为 5 个小组，每组分别领取一套试样（5 块试样），每人负责一个淬火温度。

2. 将表面磨好的试样分别放入所需的温度，如 480℃和 500℃坩埚电阻炉的盐浴槽中，其他三种不同温度试样分别放入箱式电阻炉内，保温时间一样，10～15min，然后快速淬入水槽中。

3. 将不同淬火温度试样用细砂纸磨去氧化皮后再测定硬度，这是淬火态。

4. 将淬火态硬度测定完后，要保存好自己所负责的淬火试样，经过自然时效后（一般大于 7 天）再测定硬度（具体时间由指导老师与同学商定）。

5. 测定硬度应取三点进行测定（最好选中心部位），但每两点离压痕中心距离不小于压痕直径 4 倍，压痕中心距试样边缘的距离不小于压痕的 2.5 倍，查表。将所查出的硬度值填入表 9-9 中[建议根据实验条件要求，试样测定布氏硬度值 HB，测定硬度时选用参数为：负荷 250kg·f（2.452kN），淬火钢球直径ϕ5mm，负荷保持时间 30s]。

表 9-9　实验数据记录

加热温度/℃	HB 值							
	淬火态				时效态（20℃）			
	1	2	3	平均值	1	2	3	平均值
380								
480								
500								
520								
540								

五、思考与讨论

解释实验所获得的曲线，确定最佳淬火温度。

实验二十九　金属热处理工艺设计及性能分析

一、实验目的

1. 学会根据材料成分与组织性能的关系，制订合理的热处理工艺，掌握热处理操作过程。

2. 加深对不同热处理工艺将获得不同硬度及金相组织的理解。

3. 了解常用热处理设备及温度控制方式。

二、实验原理

金属材料的物理、化学及力学等各项性能，在经过必要的加工后能达到最佳状态。热处理是改善和优化金属材料各项性能指标的重要工艺之一，其在金属零部件加工及制造过程中不可或缺。恰当应用热处理工艺，能提高金属零部件的柔韧性、耐蚀性和耐磨性，在冷加工及热加工过程中，还可以改善金属材料的内部组织和应力状态。因此依据机械设计的要求，灵活控制金属热处理过程，得到具有相应机械性能的零部件，是金属热处理工艺设计的目标。

三、实验设备和材料

1. 主要设备

箱式电阻炉、坩埚电阻炉、淬火水槽、硬度计、金相显微镜等。

2. 主要材料

碳钢、铜合金及铝合金试样等。

四、实验内容

1. 2024 铝合金的固溶淬火及时效

（1）制订 2024 铝合金固溶淬火及时效工艺（包括自然时效和人工时效）；

（2）制订获得 2024 过烧组织的工艺；

（3）测试并分析比较自然时效和人工时效时，时效硬化规律的异同点；

（4）观察并分析正常淬火组织和过烧组织的特点，并画出示意图。

注：硬度测试采用 HBW（ϕ5mm 硬质合金球，250kgf/30s）。

2. 7075 铝合金的淬火及时效

（1）制订固溶淬火及时效工艺（包括单级时效和双级时效）；

（2）测试并分析单级时效和双级时效时硬度变化特点；

（3）观察并分析淬火组织的特点。

注：硬度测试采用 *HBW*（ϕ5mm 硬质合金球，250kgf/30s）。

3. QBe2 铍青铜淬火及时效

（1）制订 QBe2 铍青铜固溶淬火及时效工艺；

（2）测试并绘制时效硬化曲线；

（3）测试并比较原始态、淬火态及时效后硬度变化规律；

（4）制订产生不连续脱溶的时效工艺；

（5）观察固溶淬火、时效组织并比较不连续脱溶组织与正常时效组织的特点。

注：硬度测试采用 *HV*。

4. H68 黄铜的退火

（1）制订 H68 黄铜退火工艺；

（2）测试并分析 H68 黄铜硬度随退火温度的变化规律；

（3）测量并比较晶粒大小（与标准图谱比较）与退火温度的关系；

（4）观察并比较原始态（变形态）组织及退火态组织的特点。

注：硬度测试采用 *HBW*（ϕ5mm 硬质合金球，250kgf/30s）。

5. 碳钢的退火与正火

材料：工业纯铁、20#钢、45#钢、T8 钢、T12 钢。要求：

（1）制订退火及正火工艺；

（2）观察、测试并比较不同含碳量对退火组织及硬度的影响；

（3）观察、测试并比较不同含碳量对正火组织及硬度的影响。

注：硬度测试采用 *HRB* 或 *HBW*（ϕ1.58mm 钢球或ϕ5mm 硬质合金球，250kgf/30s）。

6. 碳钢的淬火

材料：20#钢、45#钢、T8 钢、T12 钢。要求：

（1）制订淬火工艺；

（2）观察、测试并分析不同含碳量对淬火组织及硬度变化的影响规律。

注：硬度测试采用 *HRC*（金刚石压头，150kgf/10s）。

7. 钢的淬火及回火

材料：45#钢、T10 钢和轴承钢 GCr15（含 0.95%～1.0% C）。要求：

（1）制订淬火及回火工艺；

（2）观察并分析比较三种钢的淬火及回火组织；

（3）测试并分析不同温度回火时硬度变化规律。

注：硬度测试采用 *HRC*。

8. T12 和 GCr15 钢的球化退火

（1）制订球化退火工艺及 T12 普通退火工艺；

（2）观察、测试并比较普通退火和球化退火组织及硬度的差异。

（3）观察、测试并比较普通球化退火和等温球化退火组织及硬度的差异。

注：硬度测试采用 *HRB* 或 *HB*。

9. 组织和实施

（1）分组进行，每组人数 2～3 人，任选上述实验内容中的有色合金和钢的热处理实验各 1 项。

（2）要求每组学生自己查阅资料，拟定实验方案，经教师审批后进行实验。

（3）实验后由教师组织学生进行交流、讨论和总结。

五、思考与讨论

分析热处理工艺对性能及微观组织的具体影响。

第十章 >>>
材料腐蚀与防护

实验三十　失重法和容量法测定金属腐蚀速率实验

一、实验目的

1. 掌握失重法和容量法测定金属材料腐蚀速率的基本原理和方法。
2. 学会采用失重法和容量法测定碳钢在稀硫酸中的腐蚀速率。

二、实验原理

1. 失重法

失重法又称质量损失法，是一种简单而直接的腐蚀速率测试方法。它要求在腐蚀试验后全部清除腐蚀产物后再称量试样的终态质量，因此根据试验前后样品质量变化得出的质量损失直接表示了由于腐蚀而损失的金属量，不需要按照腐蚀产物的化学组成进行换算。失重法并不要求腐蚀产物牢牢地附着在金属材料表面上，也不用考虑腐蚀产物的可溶性，因此得到了广泛的应用。

表面腐蚀产物的清除方法可分为三类：机械方法、化学方法和电解方法。一种理想的去除腐蚀产物的方法是只去除腐蚀产物而不损伤基体金属；用化学方法去除腐蚀产物的方法叫去膜。

把金属材料做成一定形状和大小的试样，放在腐蚀环境（如大气、海水、土壤、试验介质等）中，经过一定的时间后，取出并测量试样的质量变化，进而计算其腐蚀速率。对于失重法，可由式（10-1）计算腐蚀速率：

$$v_W^- = \frac{m_0 - m_1}{St} \tag{10-1}$$

式中，v_W^- 是金属的腐蚀速率，$g \cdot m^{-2} \cdot h^{-1}$；$m_0$ 是试样腐蚀前的质量，g；m_1 是经过腐蚀试验并去除腐蚀产物之后试样的质量 g；S 是试样暴露在腐蚀环境中的表面积，m^2；t 是试样进行腐蚀试验的时间，h。

2. 容量法

对阴极过程为析氢腐蚀或吸氧腐蚀有气体析出或吸收的腐蚀过程，可通过一定时间内的析氢量或耗氧量来计算金属的腐蚀速率，这种方法叫作容量法。容量法的测量装置简单可靠，测量的灵敏度较失重法高。由于不必像质量损失法那样清除腐蚀产物，因此可以跟踪腐蚀过程，测量腐蚀量与腐蚀时间的关系曲线，实验装置如图 10-1 所示。

如果金属材料腐蚀的阴极过程是氢去极化过程，则可通过测量腐蚀反应析出的氢气量来计算金属腐蚀速率。

阳极过程：
$$M \longrightarrow M^{m+} + me^-$$

阴极过程：
$$mH^+ + me^- \longrightarrow \frac{m}{2}H_2$$

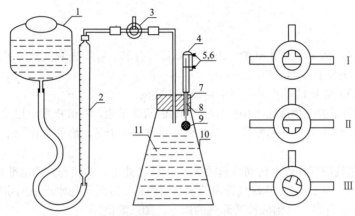

图 10-1　容量法测定腐蚀速率实验装置

1—水准瓶；2—量气管；3—三通活塞；4—软橡胶管；5,6—弹簧夹；7—玻璃管；
8—尼龙丝线；9—试样；10—三角烧瓶；11—腐蚀溶液（5%硫酸）

在阳极上金属不断失去电子而溶解的同时，溶液中的氢离子与阳极上过剩的电子结合而析出氢气。于是金属溶解的量，可通过氢的析出量来计算。首先由实验测出一定时间内的析氢体积 V_H(mL)，由气压计读出大气压力 p(mmHg)和温度计读出室温，并查出该室温下的饱和水蒸气的压力 p_{H_2O}(mmHg)。根据理想气体状态方程：

$$pV = nRT \tag{10-2}$$

可以计算出所析出氢气的物质的量（mol）：

$$n_{H_2} = \frac{\left(p - p_{H_2O}\right)V_H}{RT} \tag{10-3}$$

对应的金属溶解的量为：

$$n_M = \frac{2}{m}n_{H_2} \tag{10-4}$$

为了得到更准确的结果，还应考虑到氢在该实验介质中的溶解量 V_H'（可用氢在水中的溶解度乘以该介质的体积近似计算，并略去氢在量气管内水中的溶解量）。则金属材料的腐蚀速率 v_L 为：

$$v_L = \frac{An_M}{St} = \frac{2A\left(p - p_{H_2O}\right)\left(V_H + V_H'\right)}{mStRT} \tag{10-5}$$

式中，A 是金属的摩尔质量，g；m 是阳极反应离子的价数；S 是金属的暴露面积，m²；t 是金属腐蚀试验的时间，h；R 是理想气体状态常数。

容量法也可用于吸氧腐蚀的过程，此时的阴极反应为 $1/2O_2 + H_2O + 2e^- \longrightarrow 2OH^-$。因此，可通过测量一定容积中氧气的减少量来测定材料的腐蚀速率，计算方法类似于析氢过程。

三、实验设备和材料

1. 主要设备

容量法测定腐蚀速率装置 1 套，试样打磨、清洗、干燥、测量用品 1 套，分析天平、气压计、温度计（公用）、电化学去膜装置。

2. 主要材料

碳钢试样（如 $\phi 20mm \times 5mm$）6 个，稀硫酸（5%）800mL。

四、实验内容

1. 腐蚀实验前，试样依次用 400#～1000#砂纸进行打磨，以除去表面氧化膜，然后在乙醇和丙酮中超声清洗，并进行编号。

2. 在分析天平上称量试样质量，要求精确到 0.1 mg。

3. 在图 10-1 所示的三角烧瓶（10）中注入 5%的硫酸溶液，将试样系于尼龙绳一端，尼龙绳的另一端用弹簧夹（5）夹牢，用弹簧夹（6）夹住尼龙绳的中部，恰使试样悬于腐蚀液之上，按图 10-1 塞紧胶塞。

4. 检查实验装置的气密性：转动三通活塞（3）使之处于 n 的状态，把水准瓶（1）下移一定的距离，并保持在一定的位置。若量气管内的水平面稍稍下降后可与水准瓶的水平面保持一定的位差，则表示气密性良好，否则应检查漏气的地方，加以解决。

5. 气密性良好之后，旋转活门至 I 状态，使系统与大气相通。提高水准瓶的位置，使量气管的水平面上升到接近顶端时的读数。旋转活门至 II 的状态，再使量气管和三角烧瓶相通，调整水准瓶使之与量气管的水平面等高，记下量气管的读数。

6. 随着腐蚀反应的发生，氢气逸出，量气管的液面下降，将水准瓶缓缓下移，使两个水平面接近（如果每隔一段时间记下一个读数，即可求出不同时间间隔内的平均腐蚀速率）。浸泡 2～3h，最后使两个水平面等高，读出量气管的读数。

7. 将试样取出，称重，去膜，再称重，再去膜，如此反复，直至相邻两次去膜操作后试样的质量差不超过 0.5mg，记录实验数据。一般要求学生去膜 1～2 次即可，为了获得准确的实验结果，用未经过腐蚀试验的试样在同一条件下进行去膜，以得到去膜时的空白腐蚀损失。

8. 实验结果处理

按表 10-1 进行实验数据的记录，进而计算材料的腐蚀速率。

表 10-1　失重法和容量法实验数据记录

室　　温：_____；气　压：_____；浸入时间：_____；
取出时间：_____；试样材料：_____；介质成分：_____。

项目			试样编号		
			1	2	3
试样尺寸	直径 D/cm				
	厚度 h/cm				
	小孔直径 d/cm				
	表面积 S/cm²				
试样质量	腐蚀前 m_0/g				
	腐蚀后 m_1	一次去膜/g			
		二次去膜/g			
	质量损失(m_0-m_1)/g				

项目			试样编号		
			1	2	3
量气管读数		腐蚀前/mL			
		腐蚀后/mL			
		析氢体积/mL			
腐蚀速率	失重法	v_W^- ($g \cdot m^{-2} \cdot h^{-1}$)			
		v_W^- ($mm \cdot a^{-1}$)			
	容量法	v_L ($g \cdot m^{-2} \cdot h^{-1}$)			
		v_L ($mm \cdot a^{-1}$)			

在腐蚀实验中,腐蚀介质和试样表面往往存在不均匀性,这就使得实验数据的分散性比较大,所以通常要求采用2~5个平行试样。因时间关系,本实验采用3个小组的3个平行试验,最后以失重法为准,计算出两种方法所测腐蚀速率的百分比误差。

五、思考与讨论

1. 分析失重法和容量法测试金属腐蚀速率的优缺点及各自的适用范围。
2. 分析失重法和容量法测试金属腐蚀速率的误差来源。
3. 测试金属材料的腐蚀速率还有哪些其他的方法?

实验三十一 研究电极与极化曲线在金属腐蚀测试中的应用

内容一 研究电极的制备

一、实验目的

1. 了解金属腐蚀研究的基本方法。
2. 学会冷镶嵌法制备常用电化学测试用研究电极。

二、实验原理

金属腐蚀与防护的研究离不开腐蚀试验,腐蚀试验的目的是多方面的,如腐蚀规律和腐蚀机理的研究,金属材料的筛选和材质检查,使用寿命的估算和设计参数,腐蚀事故原因的分析和防腐蚀效果的验证等。金属腐蚀的研究方法很多,常见的有传统的失重法和电化学法,这两种方法各有优缺点。失重法简单、准确,但试验时间长;电化学法快速、应用广泛,但误差略大。尽管如此,电化学法仍是研究金属腐蚀规律及行为的一种重要的方法,这是因为绝大多数的金属腐蚀过程是电化学过程,需用电化学方法研究。与一般的电化学测试方法相同,腐蚀电化学法主要测试的参数之一是电极电位，它表明金属-电解液界面结构和特性；之二是表明金属表面单位面积电化学反应速率的参量——电流密度。大部分电化学测试都属于极化测试范畴，即测定电极电位与外加电流之间的关系。

腐蚀电化学测试往往要使用三电极体系，即由研究电极、参比电极和辅助电极组成的电极体系。

研究电极是指所研究的反应在该电极上发生。在电化学测量中，有许多种类的研究电极，如汞电极、常规固体电极、超微电极以及单晶电极等。常规固体电极包括金属电极、碳电极等。但在腐蚀电化学测量中，经常使用的是金属电极，研究金属电极表面上所发生的电化学反应及测试金属的腐蚀速率等。至于选用何种金属做研究电极要由研究目的及性质所决定。如果研究碳钢的电化学腐蚀，就要选择碳钢作为研究电极。

金属材料种类、绝缘封装方法、电极表面状态等对于电极上发生的腐蚀电化学反应及测量的重现性影响很大。对研究电极的基本要求如下所述。

（1）有确定的暴露表面积，以便于准确计算电流密度。为了使研究电极表面具有确定的暴露表面积，并且为了使试片的非工作表面与电解质溶液隔离，要进行封样。除研究电极的规定暴露面积外，不允许有其他任何金属直接暴露于电解质溶液中。常用的封样方法有涂料封闭试片、热塑性或热固性塑料镶嵌(或浇铸)试片、环氧树脂封样等。电极具体采用哪种绝缘封装技术，主要取决于电极材料及所进行研究的实质。对于一般的对比实验或不太复杂的实验研究，用清漆、纯石蜡或树脂进行涂封是可以的；当要求高精度、高重现性的阳极极化测量时，则须用压缩封装方法。

封样操作应避免产生缝隙，否则将严重干扰实验结果。例如，金属电极封样时经常使用环氧树脂加固化剂，由于凝固后的环氧树脂脆性较大，树脂和电极试片之间容易出现肉眼难以觉察的微缝隙，在浸入溶液后，尤其在阳极极化后，会发生缝隙腐蚀，使缝隙变宽，从而带来实验误差。这时可以将金属试片压入内径略小于试片外径的聚四氟乙烯(PTFE)套管中，加热使聚四氟乙烯管收缩，紧紧裹住电极试片，如图 10-2(a) 所示。这样封装的试片不易发生缝隙腐蚀，但电极工作面较难与辅助电极平行。

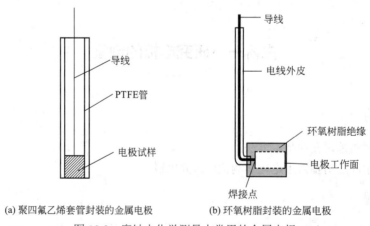

(a) 聚四氟乙烯套管封装的金属电极　　(b) 环氧树脂封装的金属电极

图 10-2　腐蚀电化学测量中常用的金属电极

举例如下：将金属材料加工成 $\phi 10mm \times 10mm$ 圆柱体，在试样背面焊上有绝缘层的铜丝作导线，非工作表面用环氧树脂绝缘，见图 10-2(b)。那种不加绝缘只把金属试片用电线悬挂在溶液中的办法是不行的。因为这样不能保证电流在整个电极上均匀分布。且电极的性质和面积都不好确定，甚至有引起异金属接触腐蚀的可能性。因此，非工作面，包括引出导线都需要绝缘。用清漆等涂料保护时，其中的可溶性组分可能引起电解液的污染，并可能吸附在电极表面上，覆盖了电极表面。当保护膜高出金属表面时，特别是在气体析出的过程中常发生边缘效应。有时电解液会渗到保护层下面，使"被保护"的表面上也发生反应，导致电极面积变大。

（2）为保证实验结果的重现性和可比性，研究电极的工作表面应光洁，无污垢，无氧化膜，最好无棱角。为使平行实验的试片处理和表面状态均匀一致，腐蚀电化学实验前要在金相试样预磨机上，使用耐水砂纸按照由粗到细依次对封装好的金属电极进行打磨至所要求的粗糙度。然后放入纯水中进行超声波清洗，并用无水乙醇或丙酮擦拭，以清除电极表面的有机、无机吸附物质，用冷风吹干，得到清洁、新鲜的金属表面。

易钝化的金属试片在空气中放置也会生成氧化膜，对电化学测量也有影响。这种膜可以在电化学测量之前用阴极还原法除去，即将电极阴极极化到刚有氢气析出，持续几分钟或更长的时间即可除去氧化膜。对较软的金属如铝、镁、铅、锡等金属，在打磨时要防止磨料的颗粒嵌入金属表面上。磨光后的电极还要进行除油和清洗才能进行实验。

（3）研究电极的形状及在电解池中的配置，应使电极表面电力线分布均匀。

（4）便于与支架连接，并与外导线有良好的接触。

（5）电极安装时确保无机械应力和热应力。

研究电极的形状可以各种各样，图 10-2 展示了两种简单的固体金属电极。无论电极形状如何，制备电极时，应保证电极具有确定的易于计算的工作面积。普通极化测量的工作电极，其工作面积通常是 $1cm^2$。

三、实验设备和材料

1. 主要设备

金相试样预磨机（MP-2B 研磨抛光机）、游标卡尺、万用电表、电吹风、电子天平、镊子、电烙铁。

2. 主要材料

低碳钢试件（10mm×10mm×10mm)、带绝缘层铜导线（长 10～15cm）、PVC 塑料管（ϕ20mm×25mm）、耐水砂纸（280#、800#）、焊油、焊锡丝、玻璃板（100mm×100mm）、玻璃棒、脱脂棉。

试剂：丙酮、邻苯二甲酸二甲酯、乙二胺、环氧树脂、无水乙醇。

四、实验内容

1. 金相试样预磨机使用方法及注意事项

金相试样预磨机是金属腐蚀与防护研究的重要仪器设备，如图 10-3 所示。

图 10-3　MP-2B 研磨抛光机

其工作原理：自来水通过水管不断地流入在旋转的磨盘中，这时浮在水面的砂纸在旋转磨盘离心力的作用下，将砂纸下的水甩出盘外，形成真空，大气压便将砂纸紧紧地压在盘面上，即可进行预磨工作。当磨盘旋转停止后即失去这种作用，此时砂纸便可自由取下。

（1）主要参数

工作电压：220V/50Hz。

抛光盘直径：ϕ200mm；转速：50～1000r·min^{-1}。

研磨盘直径：ϕ230mm；转速：50～1000r·min^{-1}。

电动机：YSS7124.0.55kW。

外形尺寸：700mm×670mm×320mm。

质量：50kg。

（2）操作与使用方法

① 控制面板操作方法

a.显示屏：打开电源旋钮，显示屏显示的闪烁数值为启动后的最低转速频率是"23.36"，运行后，显示屏显示当前转速。

b. 运行 键：按 运行 键，电动机开始运转。

c. 停/复 键：当机器在运转过程中，按 停/复 键，电动机停止转动。

d. ∨ ∧ 键：在机器运行后，通过按动 ∨ ∧ 键，来获得所需要的转速，按动 ∧ 键，转速变快；按动 ∨ 键，转速变慢。

② 使用方法之一：研磨

a.将水磨砂纸铺平，粘贴或扣压在磨抛盘中。

b.打开水开关，并调整好水流。

c.打开电源开关，显示器显示转速频率"23.36"，表示系统已经得电，处于待机状态。

d.按动控制面板上的 运行 键，设备将自动加速至目标转速 500r·min^{-1}（设定目标转速的方法见变频器说明书）。

e. 按动 ∨ ∧ 键，可在 50～1000r·min^{-1} 区间内任意设定研磨工艺所需要的转速。

f. 将切割好的试样用力持住，并轻轻靠近砂纸，待试样和砂纸接触良好并无跳动时，可用力压住试样进行研磨。

g. 力度大约在不使研磨面因摩擦过热而烧伤组织为佳（大约 2kgf）。

h. 工作结束，按 停/复 键，电动机停止运转，左旋电源开关，关闭系统电源。

③ 使用方法之二：抛光

a. 将带压敏胶的抛光织物平整地粘贴在磨抛盘上，如果是自制的抛光织物，也应平铺于磨抛盘上。

b. 将外压圈压在抛光盘外圆上，从而固定住无压敏胶的抛光织物。

c. 将调制好的抛光剂涂于织物上。

d. 打开电源开关显示器闪烁转速频率"23.36"，表示系统已通电，处于待机状态。

e. 按动控制面板上的 运行 键，设备将自动加速至目标转速 500r·min^{-1}（设定目标转速的方法见变频器说明书）。

f. 按动 ∨ ∧ 键，可在 50～1000r·min^{-1} 区间内任意设定抛光工艺所需要的转速。

g. 将研磨好的试样用力持住，并轻轻靠近磨抛盘，将试样按向磨抛盘的中心位置，边抛光边向外平移试样。

h. 操作中感觉织物黏性很大时，应将抛光剂进行稀释。

i. 当抛光织物有破损时，应及时更换，以免损坏试样。

j. 工作结束，按 停/复 键，电动机停止运转，左旋电源开关，关闭系统电源。

注意：抛光试样时，建议使用 $500\sim800\text{r}\cdot\text{min}^{-1}$ 之间的转速为宜。

（3）注意事项

① 本机必须良好接地，且接地装置可靠。

② 进、排水管要求通畅，各连接部分不能漏水。

③ 每次操作完毕，应做好设备的清洁保养工作。

④ 当发现机器有异常声音时，应立即停机进行检查。

2. 实验步骤

（1）将 PVC 塑料管两端在预磨机上用 280# 耐水砂纸打磨平滑，待用。

（2）将 100mm 左右长的铜导线两端分别剪掉一段长为 $10\sim20\text{mm}$ 的绝缘表皮，使该部分裸露。裸露部分也用砂纸打磨，去除金属导线外层氧化膜。

（3）电极的焊接。

① 将低碳钢样所有金属面都用砂纸打磨光亮，用水冲洗干净吹干后待用。焊接时，将焊锡丝铺满打磨过的钢柱面上后，将金属导线裸露端蘸点焊锡膏，然后插入处于融化状态的焊锡丝中。

② 当焊锡丝与金属导线很好地焊接在一起后，拿开电烙铁，吹干即可。焊接时，电烙铁的加热前端应该始终在低碳钢柱上，保证焊锡丝处于融化状态，同时，金属导线插入时，电烙铁的加热前端也应该接触金属导线使其受热更快，能保证更好地焊接成功。

（4）使用万用表检测电极与导线是否导通（一端接金属表面，一端接导线）。

（5）电极封装前 PVC 管的密封。将上述打磨平滑的 PVC 管底端用透明胶带密封住，使用双面胶将密封好的 PVC 管直立固定在试管架上，将焊接好导线的金属电极处于 PVC 管中心位置，等待环氧树脂封装电极。

（6）环氧树脂的配制。封装电极用的配方有两种。第一种：环氧树脂：邻苯二甲酸二甲酯：乙二胺=10：2：0.8（质量比）；第二种：环氧树脂：二乙烯三胺 ＝ 9：1（质量比）。用一次性纸杯和电子天平依次适量称取环氧树脂、邻苯二甲酸二甲酯和乙二胺或二乙烯三胺。

封装液配制好后，用玻璃棒搅拌片刻，至封装液处于较易流动状态且混合均匀后停止，静止放置几分钟，以排掉封装液中的空气。

（7）环氧树脂的密封。将配制好的封装液倒入上述已固定好的电极与 PVC 管之间，当环氧树脂刚好要满溢为止。灌满所有的电极后，将其静置 24h 待干。

注：在环氧树脂配制、密封至完全固化前，不要使其接触水，密封时，若封装液中还有气泡，用金属丝将其引出刺破即可。

（8）电极的打磨。将已经固化的工作电极依次采用 280#、800# 耐水砂纸在预磨机上打磨，使碳钢片露出。打磨时，电极底部可能有气泡，磨掉即可。若气泡不与碳钢片相连，则不会影响使用。

（9）将打磨好的工作电极再次使用万用表测试其是否导通，确认导通后，将电极表面用无水乙醇脱脂棉及丙酮脱脂棉擦拭除油，吹干，置于干燥器中待用。

（10）详细记录实验过程中的测量数据以及电极制备过程中的实验现象。

（11）计算电极的工作面积（cm^2）。

五、思考与讨论

1. 电极制作过程中为什么要对电极进行封装处理?
2. 如果制备的电极密封边缘有气泡或出现微小缝隙会对电化学测量产生什么影响?

内容二 极化曲线的测定

一、实验目的

1. 加深理解线性极化法测定金属腐蚀速率的基本原理。
2. 用线性极化法测定 20#钢、黄铜、不锈钢在 3% NaCl 溶液中的腐蚀速率。

二、实验原理

线性极化法也称极化电阻法,是基于金属腐蚀过程的电化学本质而建立起来的一种快速测定腐蚀速率的电化学方法。

线性极化技术的基本原理如下所述。

对工作电极外加电流进行极化,使工作电极的电位在自腐蚀电位附近变化(约±10mV),此时 ΔE 对 Δi 为线性关系。根据斯特恩(Stern)和盖里(Geary)的理论推导,对活化极化控制的腐蚀体系,极化电阻率与自腐蚀电流密度之间存在如下的关系:

$$R_\mathrm{P} = \frac{\Delta E}{\Delta i} = \frac{b_\mathrm{a} b_\mathrm{c}}{2.303(b_\mathrm{a}+b_\mathrm{c})} \times \frac{1}{i_\mathrm{c}} \tag{10-6}$$

式中, R_p 为极化电阻率, $\Omega \cdot \mathrm{cm}^2$; ΔE 为极化电位,V; Δi 为极化电流密度, $\mathrm{A} \cdot \mathrm{cm}^{-2}$; i_c 为金属的自腐蚀电流密度, $\mathrm{A} \cdot \mathrm{cm}^{-2}$,但通常以 $\mu\mathrm{A} \cdot \mathrm{cm}^{-2}$ 表示; b_a 、 b_c 为常用对数阴、阳极塔菲尔常数,mV。

式(10-6)还包含了腐蚀体系的两种极限情况:

① 当腐蚀过程受到阴极反应的浓差极化控制时, $b_\mathrm{c} \to \infty$,此时式(10-6)简化为:

$$R_\mathrm{P} = \frac{\Delta E}{\Delta i} = \frac{b_\mathrm{a}}{2.303 i_\mathrm{c}} \tag{10-7}$$

② 当腐蚀过程受到阳极反应的浓差极化控制时, $b_\mathrm{a} \to \infty$,此时式(10-6)简化为:

$$R_\mathrm{P} = \frac{\Delta E}{\Delta i} = \frac{b_\mathrm{c}}{2.303 i_\mathrm{c}} \tag{10-8}$$

这里应该指出,线性极化方程必须满足下面两个条件:

① 构成腐蚀过程的两个局部反应皆受活化极化控制。
② 腐蚀电位远离两个局部反应的平衡电位。

线性极化方程的另一种形式为

$$i_\mathrm{c} = \frac{b_\mathrm{a} b_\mathrm{c}}{2.303(b_\mathrm{a}+b_\mathrm{c})} \times \frac{1}{R_\mathrm{P}} \tag{10-9}$$

如果令 $B = \dfrac{b_\mathrm{a} b_\mathrm{c}}{2.303(b_\mathrm{a}+b_\mathrm{c})}$ 代入上式,则:

$$i_{\mathrm{c}} = \frac{B}{R_{\mathrm{P}}} \qquad\qquad (10\text{-}10)$$

式中，B 值是仅与 b_{a}、b_{c} 有关的常数，显然极化电阻率 R_{P} 和自腐蚀电流 i_{c} 成反比。对于 B 值的确定，首先应确定 b_{a}、b_{c} 值，不然会带来实验误差。

对于 b_{a}、b_{c} 值的确定，一般有两种方法：极化曲线法、挂片质量法。

因此，可知线性极化法的关键是测定极化阻力 R_{P} 值。并且，直接比较极化阻力 R_{P} 的值与直接比较腐蚀速率具有同样的效果。

如果求腐蚀速率，可按下列公式进行计算

$$K = 3.73\times10^{-4}\,\frac{Mi_{\mathrm{c}}}{n} \qquad\qquad (10\text{-}11)$$

式中，K 为腐蚀速率，$\mathrm{g\cdot m^{-2}\cdot h^{-1}}$；$i_{\mathrm{c}}$ 为腐蚀电流密度，$\mathrm{\mu A\cdot cm^{-2}}$；$M$ 为金属的摩尔质量；n 为金属的化合价。

三、仪器设备和材料

1. 主要设备
电化学工作站（图 10-4）、铂电极、饱和甘汞电极、电吹风。

2. 主要材料
$20^{\#}$ 钢、黄铜、不锈钢。

试剂：NaCl、丙酮、蒸馏水。

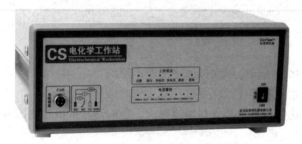

图 10-4　CS310H 电化学工作站

四、实验内容

1. 试样制备：将加工好的低碳钢、不锈钢、铝合金试样的一端连接上铜导线，然后将该样用环氧树脂涂封。露出的试样面用砂纸打磨至 $800^{\#}$，丙酮除油、蒸馏水清洗干净后吹干待用。

2. 配制 3% NaCl 溶液：用分析纯 NaCl 和一次蒸馏水（或去离子水）配制 20L 3% NaCl 溶液。

3. 将工作电极、参比电极和辅助电极与电化学工作站的相应导线相连接（参照图 10-5），经指导教师检查后方可通电测量。

4. 打开测试软件 CS Studio，分别测定 $20^{\#}$ 钢、黄铜和不锈钢的开路电位，直到取得稳定值为止，记录之。

5. 在"测试方法"中选择"稳态极化-动电位扫描"，并设置测试参数，扫描范围为相对于开路电位 $-10\mathrm{mV}\sim+10\mathrm{mV}$，扫描速度为 $0.5\,\mathrm{mV\cdot s^{-1}}$，测试相应的电流值，得到线性极化曲线。

6. 重复上述操作，分别测试低碳钢、不锈钢、铝合金试样在 3% NaCl 溶液中的线性极化曲线。

7. 数据记录与结果处理

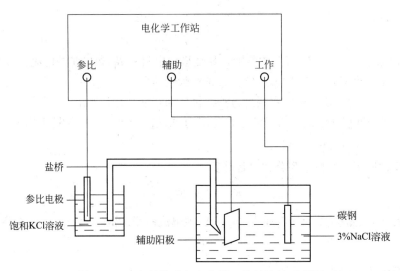

图 10-5　三电极体系与电化学工作站连接示意图

根据实验所得数据填写表 10-2,并计算出各自的腐蚀速率。

表 10-2　各金属腐蚀速率

项目	20#钢	黄铜	不锈钢
极化电阻值			
腐蚀速率			

五、思考与讨论

1. 试述用线性极化法测试金属腐蚀速率的基本原理。

2. 在什么情况下才能用线性极化方程计算金属腐蚀速率?

3. 在应用线性极化技术测试金属腐蚀速率时,影响测量准确性的因素有哪些?

内容三　塔菲尔直线外推法测定金属腐蚀速率

一、实验目的

1. 掌握利用塔菲尔直线外推法测试金属腐蚀速率的原理和方法。

2. 通过极化曲线法测试碳钢在盐酸溶液中的腐蚀速率。

二、实验原理

采用电化学测试技术,可以测得以自腐蚀电位 E_{corr} 为起点的完整极化曲线,如图 10-6 所示。这样的极化曲线可以分为三个区:①微极化区或线性区——AB $(A'B')$

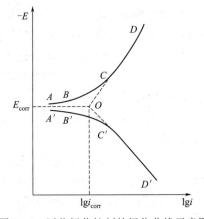

图 10-6　活化极化控制的极化曲线示意图

段，在这一区间电位（E）与电流密度（i）呈线性关系；②弱极化区——BC（$B'C'$）段；③强极化区或塔菲尔（Tafel）区——CD（$C'D'$）段。

由腐蚀金属电极的动力学方程可知，在强极化区腐蚀金属电极的电流密度与电极电位之间的关系服从指数规律 $\Delta E=a+b\lg i$，即塔菲尔（Tafel）关系。在 E-$\lg i$ 坐标中，阴、阳极极化曲线的强极化区呈直线关系，且外延与自腐蚀电位的水平线相交于 O 点（理论上也可以将阳极极化曲线或阴极极化曲线的塔菲尔区直线段与自腐蚀电位的水平线相交）。此交点对应的电流密度即是金属的自腐蚀电流密度 i_{corr}。根据法拉第定律，可以换算成按质量法和深度法表示的腐蚀速率。

这种利用极化曲线的塔菲尔直线段外推，以求取金属腐蚀速率的方法称为极化曲线法或塔菲尔直线外推法。这种实验方法只适用于在较广的电流密度范围内电极过程服从指数规律的体系（如析氢型的腐蚀）；不适用于浓度极化较大的体系，也不适用于溶液电阻较大的情况及强极化时金属表面状态发生很大变化（如膜的生成与溶解）的场合。另外，塔菲尔直线外推法作图时还会引入一定的人为误差，因此采用这种方法所测得的结果与失重法所测得的结果相比可差10%～50%。

在本实验中，首先测定出碳钢在 1 mol·L^{-1} 盐酸溶液中的阴、阳极极化曲线，然后通过塔菲尔直线外推法计算碳钢的腐蚀速率 i_{corr}。另外，也可通过计算机数据处理程序求解碳钢的腐蚀速率 i_{corr}。

三、实验设备和材料

1. 主要设备

CS310H 电化学工作站 1 台，饱和甘汞电极、铂辅助电极各 1 支，烧杯 2 个。铁架台，洗耳球，鲁金毛细管，自由夹与十字夹等。

2. 主要材料

Q235 碳钢，试样尺寸为 ϕ6mm×12mm。实验前，Q235 钢均需经过金相砂纸依次研磨、抛光、冲洗、除油、除锈、吹干等处理。另外，除试样上部连接导线处和下部插入电解池内约 27.5mm^2 的暴露面外，其余均密封。

试液为 1 mol·L^{-1} 盐酸溶液，实验温度为室温。

四、实验内容

1. 将 1 mol·L^{-1} 盐酸溶液倒入烧杯中，在鲁金毛细管宽管处倒入大半管 1 mol·L^{-1} 盐酸溶液，将毛细管浸入烧杯中，用洗耳球抽吸使溶液充满毛细管，此时用止血夹夹住乳胶管，固定好鲁金毛细管，在其中插入饱和甘汞电极，按要求（通常取毛细管与金属表面的距离为毛细管管径的两倍为宜）放置好工作电极，固定好辅助电极。

2. 将工作电极、参比电极和辅助电极与电化学工作站的相应导线相连接，经指导教师检查后方可通电测量。

3. 测定工作电极的自腐蚀电位 E_{corr}。工作电极的电位稳定（当在 2min 内电极电位变化不超过 1mV 时，即可认为已达到了稳定）后，即可进行极化曲线的测量。

4. 通过电化学工作站控制软件选取适当的实验方法，设置合适的实验参数进行实验。如以 CS310H 电化学工作站为例，打开软件，依次选择菜单栏里的"测试方法-稳态极化-动电位扫描"，在弹出的参数设置页面设置好文件存储路径及文件名，然后在测试参数中设置初始电位 -0.2V，在"初始电位"下拉菜单里选择"相对于开路电位"。设置终止电位 0.2V，在"终止电位"下拉菜单里选择"相对于开路电位"。设置扫描速度为 0.2 mV·s^{-1}。单击"确定"进入实验。

5. 实验结束后，取出试样，观察试样的表面状态，并整理实验台。

6. 实验结果处理：采用电化学工作站自带软件 CS Studio 绘制出碳钢在 1 mol·L⁻¹ 盐酸溶液中的阴、阳极极化曲线；采用极化曲线外推法求出碳钢在此溶液中的自腐蚀电流密度。

五、思考与讨论

1. 为什么可以用自腐蚀电流密度 i_{corr} 来代表金属的腐蚀速率？如何由 i_{corr} 换算出金属腐蚀速率的质量指标和深度指标？

2. 为什么实验由强阴极极化开始而不从强阳极极化开始测量连续的阴、阳极极化曲线？

3. 本实验方法的误差来源有哪些？

内容四　临界点蚀电位的测定

一、实验目的

1. 初步掌握有钝化性能的金属在腐蚀体系中的临界点蚀电位的测试方法。

2. 进一步了解恒电位技术在腐蚀研究中的重要作用。

二、实验原理

不锈钢、铝及其合金等金属在某些腐蚀介质中，由于表面形成钝化膜其腐蚀速率大大降低。但是，钝态是在一定的电化学条件下形成（如在某些氧化性介质中）或破坏（如在氯化物的溶液中）的。在一定的电位条件下，钝态受到破坏，点蚀就产生了。因此，当把有钝化性能的金属进行阳极极化，使之达到某一电位时，电流突然上升，伴随着钝化膜被破坏，产生腐蚀点。在此电位以前，金属保持钝性，或者虽然产生腐蚀点，但又能很快地再钝化，这一电位叫作临界点蚀电位 E_b（或称击穿电位）。E_b 常用于评价金属材料的点蚀倾向性。临界点蚀电位越正，金属耐点蚀性能就越好。图 10-7 是恒电位临界点的电位曲线。图 10-8 是不锈钢在氯化钠溶液中的阳极极化曲线。

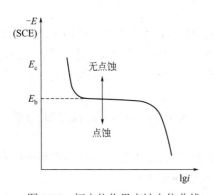
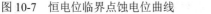

图 10-7　恒电位临界点蚀电位曲线

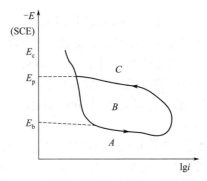

图 10-8　不锈钢在氯化钠溶液中的阳极极化曲线

一般而言，E_b 随溶液的组分、温度、金属的成分和表面状态以及电位扫描速率而变化。在溶液组分、温度、金属的表面状态和扫描速率相同的条件下，E_b 代表不同金属的耐点蚀趋势。

本实验采用恒电位法进行动态扫描，当阳极极化到 E_b 时，随着电位的继续增加，电流急剧增加，一般在电流密度增加到 $200\sim2500\ \mu A\cdot cm^{-2}$ 时，就进行反方向极化（即往阴极极化方向回扫），电流密度相应下降，回扫曲线并不与正向曲线重合，直到回扫的电流密度又回到钝态电流密度值，此时所对应的电位 E_b 为保护电位。这样整个极化曲线形成一个"滞后环"，把 E-lgi 曲线图分为 3 个区，如图 10-8 所示。A 为必然点蚀区，B 为可能点蚀区，C 为无点蚀区。可见回扫曲线形成的滞后环可以获得更具体的判断点蚀倾向的参数。

三、实验设备和材料

1. 主要设备

CS310H 电化学工作站、铂电极、饱和甘汞电极、电解池、恒温槽、温度计。

2. 主要材料

18-8 不锈钢。

试剂：NaCl、丙酮、硝酸、蒸馏水。

四、实验内容

1. 试件制备：将 18-8 不锈钢试件放入 60℃、30%的硝酸水溶液中钝化 1h，取出冲洗、干燥。封样技术重要之点在于避免缝隙腐蚀的干扰，对欲暴露的面用丙酮除油，蒸馏水水洗吹干待用。

2. 采用电化学工作站测量自腐蚀电位 E_c。

3. 采用动电位扫描技术进行极化测试，由 E_c 开始对研究电极进行阳极极化，扫描速度为 $1\ mV\cdot s^{-1}$。并设定当电流密度到 $500\ \mu A\cdot cm^{-2}$ 时，即可进行反方向极化（回扫），直到回扫的电流密度又回到钝态时，即可停止扫描，结束实验。

4. 实验结束后，关闭仪器设备电源，取出试样，整理实验台。

5. 数据记录与结果处理：

（1）采用电化学工作站自带软件 CS Studio 或 Origin 软件绘出 E-lgi 关系曲线图。

（2）从极化曲线图上求出 E_b 和 E_p 值。

五、思考与讨论

根据测定临界点蚀电位曲线的特点，讨论恒电位法在点蚀电位测量中的重要作用。

实验三十二　电偶腐蚀中电偶电流和电位序的测试

一、实验目的

1. 了解电偶腐蚀测试的原理。
2. 掌握使用电化学工作站测试电偶电流的方法。

二、实验原理

当两种不同的金属在腐蚀介质中相互接触时，由于腐蚀电位不相等，在组成偶合电极（即形成电偶对）时，原腐蚀电位较负的金属溶解速度增加，从而造成接触处的局部腐蚀，这就是电偶腐蚀，也称为接触腐蚀。测量短路条件下偶合电极电偶电流的数值，就可以判断金属耐电偶腐蚀的性能。

电偶电流与电偶对中阳极金属的真实溶解速度之间的定量关系较复杂，它与不同金属间的电位差、未耦合时的腐蚀速率、塔菲尔常数及阴阳极面积比等因素有关，但可以有如下的基本关系。

在活化极化控制条件下，金属腐蚀速率的一般方程式为：

$$i = i_{corr} \left\{ \exp\left[\frac{2.303(E - E_{corr})}{b_a} \right] - \exp\left[\frac{2.303(E_{corr} - E)}{b_c} \right] \right\} \tag{10-12}$$

式中，E_{corr}、i_{corr} 分别为偶合电极中阳极金属未形成电偶对时的自腐蚀电位和自腐蚀电流密度；E 是极化电位；b_a、b_c 分别为偶合电极中阳极金属上局部阳极和局部阴极反应的塔菲尔常数。

如果该金属与电位较正的另一个金属形成电偶对，则这个电位较负的金属将被阳极极化，电位将正向移到电偶电位 E_g，它的溶解电流将由 i_{cor} 增加到 i_a^A：

$$i_a^A = i_{corr} \exp\left[\frac{2.303(E_g - E_{corr})}{b_a} \right] \tag{10-13}$$

电偶电流实际上是电偶电位 E_g 处电偶对阳极金属上局部阳极电流 i_a^A 和局部阴极电流 i_c^A 之差：

$$i_g = i_{a_{(E_g)}}^A - i_{c_{(E_g)}}^A = i_a^A - i_{corr} \exp\left[\frac{2.303(E_{corr} - E_g)}{b_c} \right] \tag{10-14}$$

由式（10-14）可以获得两种极限情况：

（1）形成电偶对后，若阳极极化很大（即 $E_g \gg E_{corr}$），则

$$i_g = i_a^A \tag{10-15}$$

在这种情况下，电偶电流数值等于偶合电极中金属阳极的溶解电流。

（2）形成电偶对后，若阳极极化很小（即 $E_g \approx E_c$），则：

$$i_g = i_a^A - i_{corr} \tag{10-16}$$

在这种情况下，电偶电流值等于偶合电极阳极在偶合前后的溶解电流之差。

由以上讨论可知，直接将电偶电流看作电偶对中阳极金属的溶解速度，数值会不同程度的偏低。因此，如果需要求出真实的溶解速度，对电偶电流 i_g 进行修正是必要的。

三、实验设备和材料

1. 主要仪器

CS310H 电化学工作站 1 台，恒温水浴 1 台，烧杯 2 个，秒表，饱和甘汞电极 1 个，金相试样磨光机 1 台。

2. 主要材料

纯铜、铅、锌、石墨、Q235 碳钢、18-8 不锈钢和纯铝，试样尺寸为 $\phi 6mm \times 12mm$。实验前，试样均需经过金相砂纸依次研磨、抛光、冲洗、除油、除锈、吹干等处理。另外，除试样上部连

接导线处和下部插入电解池内约 27.5mm² 的暴露面外，其余均密封。

试液为 3%NaCl 溶液，实验温度为室温。

四、实验内容

1. 按测定先后顺序，分别将铝与铜、铝与铅、铝与石墨、铝与锌、铝与碳钢、铝与不锈钢等所组成的电偶对安装于盛有适量 3%氯化钠溶液的电解槽中。电偶对的试样应尽量靠近，把饱和甘汞电极安装于两试样之间，便于测定偶合前后的各电位值。

2. 将铝试样设为工作电极 I，并与电化学工作站的工作电极夹相连接；将铜、铅、石墨、碳钢或不锈钢依次设为工作电极 II，与接地的辅助电极夹相连接；饱和甘汞电极接参比电极夹。

3. 利用电化学工作站测量各电极偶合前的自腐蚀电位（E_a 和 E_c），并计算出两电极未耦合时的相对电位差。

4. 待电极的自腐蚀电位趋于稳定后，打开控制软件（以 CS310H 电化学工作站为例），选择电化学噪声功能，此时软件窗口将会显示偶接电位 E_g 和电偶电流 i_g，电流计数为正表示研究电极引线所接的工作电极 I 为阳极，接地线连接的工作电极 II 为阴极，负电流与此相反。在窗口中设置好监测时间和数据采集速率，单击"确定"进入实验，测试电偶对的电偶电流 i_g 随时间的变化曲线。

5. 更换电偶对，按上述步骤进行各电偶对电偶电流的测试。

6. 实验结束后，取出试样，整理实验台。

7. 实验结果处理：

（1）按表 10-3 和表 10-4 的内容记录电偶腐蚀实验的数据。

（2）根据表 10-4 中各金属试样的自腐蚀电位值，排出上述各种材料在 3%氯化钠溶液中的电位序并与有关文献资料上的数据作比较。

（3）在同一个直角坐标系中绘出各组电偶电流 i_g 对时间的关系曲线。

表 10-3　电偶对材质和尺寸参数

序号	试样材料	试样尺寸/cm	试样暴露面积/cm²
1	铜		
2	铅		
3	石墨		
4	锌		
5	碳钢		
6	不锈钢		
7	铝		

表 10-4　电偶腐蚀实验数据表

介质成分：_____；　温度_____℃

电偶对名称	电极电位/mV			电偶间相对电位差/mV	电偶电流 i_g/A
	阳极 E_a	阴极 E_c	电偶电位 E_g		
铝-铜 铝-铅 铝-石墨 铝-锌 铝-碳钢 铝-不锈钢					

五、思考与讨论

1. 为什么不能用普通电流表来测量电偶腐蚀电流？
2. 测得的电偶电流的数值受哪些因素的影响？
3. 根据本实验结果，你认为是否能用所测得的电偶电流值来表示电偶对中阳极金属的溶解速度？为什么？

实验三十三　腐蚀体系的电化学阻抗谱测试实验

一、实验目的

1. 了解交流阻抗的基本概念，并掌握测定交流阻抗的原理与方法。
2. 了解 Nyquist 图的意义及简单电极反应的等效电路。
3. 学会应用交流阻抗技术测试碳钢在海水中的交流阻抗谱及相关的电化学参数。

二、实验原理

交流阻抗法又称复数阻抗法，它是以小幅度的正弦波电流（压）施加于工作电极上，测量相应的电压（流）变化，根据两者的幅值比和相位差求得阻抗。

1. 电化学等效电路与阻抗谱图

对一个简单的由电化学控制的腐蚀体系，其等效电路如图 10-9 所示。

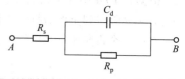

图 10-9　电化学控制体系的等效电路

R_s —溶液电阻；C_d —电极/溶液相间的双层电容；
R_p —法拉第电阻或极化电阻

应用角频率为 ω 的小幅度正弦波交流电信号进行实验时，此等效电路的总阻抗为：

$$Z = R_s + \frac{1}{\frac{1}{R_p} + j\omega C_d} = R_s + \frac{R_p}{1 + (\omega C_d R_p)^2} - j\frac{\omega C_d R_p^2}{1 + (\omega C_d R_p)^2} \qquad (10\text{-}17)$$

式中，$j = \sqrt{-1}$。由式（10-17）可见，阻抗 Z 的实部 Z_{Re} 和虚部 Z_{Im} 分别为：

$$Z_{Re} = R_s + \frac{R_p}{1 + (\omega C_d R_p)^2} \qquad (10\text{-}18)$$

$$Z_{Im} = \frac{\omega C_d R_p^2}{1 + (\omega C_d R_p)^2} \qquad (10\text{-}19)$$

$$Z = Z_{Re} - jZ_{Im} \qquad (10\text{-}20)$$

由式（10-18）～式（10-20），经推导可得：

$$\left[Z_{\mathrm{Re}} - \left(R_{\mathrm{s}} + \frac{R_{\mathrm{p}}}{2} \right) \right]^2 + Z_{\mathrm{Im}}^2 = \left(\frac{R_{\mathrm{p}}}{2} \right)^2 \tag{10-21}$$

由上可见，式（10-21）是一个圆的方程式。若以横轴表示阻抗的实部 Z_{Re}，以纵轴表示阻抗的虚部 Z_{Im}，则此圆的圆心在横轴上，其坐标为($R_{\mathrm{s}} + R_{\mathrm{p}}/2$,0)；圆的半径为 $R_{\mathrm{p}}/2$，但由于 $Z_{\mathrm{Im}} > 0$，故式（10-21）实际上仅代表第一象限中的一个半圆，如图 10-10 所示。

由图 10-10 可见，当 $\omega \to 0$ 时，$Z_{\mathrm{Re}} = R_{\mathrm{s}} + R_{\mathrm{p}}$；当 $\omega \to \infty$ 时，$Z_{\mathrm{Re}} = R_{\mathrm{s}}$；在半圆的最高点，$Z_{\mathrm{Im}} = Z_{\mathrm{Re}}$，相应于这一点的角频率 ω 为 ω°，从半圆确定了 R_{p} 和 ω° 后，即可根据式（10-22）求出 C_{d}。

$$C_{\mathrm{d}} = \frac{1}{\omega R_{\mathrm{p}}} \tag{10-22}$$

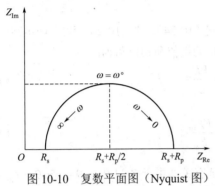

图 10-10 复数平面图（Nyquist 图）

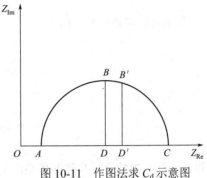

图 10-11 作图法求 C_{d} 示意图

实际测量中，由于所选的频率不一定是正好出现在圆顶点的频率 ω_{B}，此时可用作图法求 C_{d}（图 10-11）。如图 10-11 所示，在半圆顶部 B 点附近选取一个实验点 B'，而 ω_{B} 为实验中真正做到的频率（不是内插的）；通过 B' 作垂线 $B'D'$ 垂直于 Z_{Re} 轴、交 Z_{Re} 轴于 D'（图 10-11），然后按

$$C_{\mathrm{d}} = \frac{1}{\omega_{\mathrm{B'}} R_{\mathrm{p}}} \times \sqrt{D'C / AD'}$$ 计算 C_{d}。

2. 李沙育（Lissajor）图

当控制一个电极电位为：

$$E = E_{\mathrm{m}} \sin \omega t \tag{10-23}$$

时，若交流电压的幅值 E_{m} 较小（小于 20mV），则相应的电流响应为：

$$i = i_{\mathrm{m}} \sin(\omega t + \theta) \tag{10-24}$$

在采样电阻 R 上当有极化电流 i 通过时，相应的电压降为：

$$U = iR = i_{\mathrm{m}} R \sin(\omega t + \theta) = U_{\mathrm{m}} \sin(\omega t + \theta) \tag{10-25}$$

式中，i_{m} 是交流电流的幅值；θ 是相位角；$U_{\mathrm{m}} = i_{\mathrm{m}} R$。

如果把 U、E 这两个相同频率的正弦波电压信号分别接到 X-Y 函数记录仪或示波器的 X 轴和 Y 轴，则两个方向互相垂直的正弦波就合成一个椭圆，称为李沙育图，如图 10-12 所示。

该椭圆的方程为：

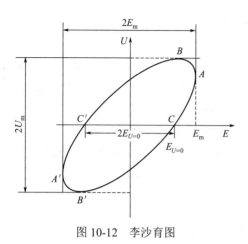

图 10-12 李沙育图

$$\frac{E^2}{E_m^2}+\frac{U^2}{U_m^2}-\frac{2EU}{E_mU_m}\cos\theta=\sin^2\theta \quad (10\text{-}26)$$

由式（10-26）可见，当 $U=0$ 时

$$\frac{E_{U=0}^2}{E_m^2}=\sin^2\theta \quad (10\text{-}27)$$

故有

$$\sin\theta=\frac{E_{U=0}}{E_m} \quad (10\text{-}28)$$

$$\cos\theta=\sqrt{1-\sin^2\theta}=\sqrt{\frac{E_m^2-E_{U=0}^2}{E_m}} \quad (10\text{-}29)$$

由式（10-24）、式（10-26）和式（10-28）可得，复数阻抗的模值和相位角为：

$$|Z|=\frac{E_m}{i_m}=\frac{RE_m}{U_m} \quad (10\text{-}30)$$

$$\theta=\arcsin\left(\frac{E_{U=0}}{E_m}\right) \quad (10\text{-}31)$$

$|Z|$ 和 θ 这两个参数直接与被测体系的复数阻抗有关。由于 $Z=|Z|\cos\theta-j\sin\theta=Z_{Re}-jZ_{Im}$，故由式（10-28）～式（10-30）可得：

$$Z_{Re}=|Z|\cos\theta=\sqrt{E_m^2-E_{U=0}^2} \quad (10\text{-}32)$$

从李沙育图（图 10-12）上 A、B 和 C 各点的坐标，可以求得阻抗的实部和虚部。在实际测量时，并不是单独测量 E_m、U_m 和 $E_{U=0}$，而是测量 $\overline{AA'}$、$\overline{BB'}$ 和 $\overline{CC'}$ 的长度，即测量 $2E_m$、$2U_m$ 和 $2E_{U=0}$。

三、实验设备和材料

1. 主要设备
CS310H 电化学工作站 1 台，铂黑电极 1 支。

2. 主要材料
Q235 碳钢，试样尺寸为 $\phi 8mm\times20mm$。实验前，试样需经过金相砂纸依次研磨、抛光、冲洗、除油、除锈、吹干等处理。除试样上部连接导线处和下部插入电解池内约 $27.5mm^2$ 的暴露面外，其余均密封。烧杯 2 个，导线若干。

试液为 3% NaCl 或海水溶液，实验温度为室温。

四、实验内容

1. 将电解池的三电极与 CS310H 电化学工作站的相应导线相连接。

2. 打开测试软件 CS Studio，在"测试方法"中选择"交流阻抗-阻抗～频率扫描"方法，并设置测试参数：直流电位相对开路为 0V，交流幅值为 10mV，初始频率为 10^5Hz，终止频率为

10^{-2}Hz。单击"确定"开始，测试 Q235 碳钢在 3% NaCl 溶液中的电化学阻抗谱。

3. 实验结束后，取出试样，关闭电化学工作站，并整理实验台。

4. 实验结果处理：记录实验条件并整理测试的交流阻抗数据，由 Nyquist 图计算出模拟电解池和碳钢在海水中的 R_s、R_p、C_d 和 i_{corr}。

五、思考与讨论

1. 在绘制 Nyquist 图时，为什么所加正弦波信号的幅度要小于 10mV？
2. 在实际测量体系绘制 Nyquist 图时，为什么会出现圆心下沉现象？
3. 交流阻抗测得的极化电阻值，为什么可用线性极化方程式来计算其腐蚀速率？

实验三十四　中性盐雾腐蚀实验

一、实验目的

1. 掌握中性盐雾腐蚀的基本原理。
2. 了解中性盐雾气氛中金属腐蚀的试验方法。

二、实验原理

盐雾试验是评价金属材料的耐蚀性以及涂层（无机涂层、有机涂层）对基体金属保护程度的加速试验方法，该方法已广泛用于确定各种保护涂层的厚度均匀性和孔隙度，作为评定批量产品或筛选涂层的试验方法。近年来，某些循环酸性盐雾试验已被用来检验铝合金的剥落腐蚀敏感性。盐雾试验亦被认为是模拟海洋大气对不同金属（有保护涂层或无保护涂层）最有用的实验室加速腐蚀试验方法。盐雾试验一般包括：中性盐雾（NSS）试验、醋酸盐雾（ASS）试验及铜加速的醋酸盐雾（CASS）试验。中性盐雾试验是最常用的加速腐蚀试验方法。

盐雾试验的基本原理实际就是失重或增重试验的原理，只不过是做成一定形状和大小的金属试样处于一定浓度的盐雾中，金属试样经过一定的时间加速腐蚀后，取出并测量其质量和尺寸的变化，计算其腐蚀速率。对于失重法，可由式（10-33）计算腐蚀速率。

$$v_{失} = \frac{m_0 - m_1}{St} \tag{10-33}$$

式中，$v_{失}$ 为金属的腐蚀速率，$g \cdot m^{-2} \cdot h^{-1}$；$m_0$ 为试件腐蚀前的质量，g；m_1 为腐蚀并经除去腐蚀产物后试件的质量，g；S 为试件暴露在腐蚀环境中的表面积，m^2；t 为试件腐蚀的时间，h。

对于增重法，即当金属表面的腐蚀产物全部附着在上面，或者腐蚀产物脱落下来可以全部被收集起来时，可由下式计算腐蚀速率

$$v_{增} = \frac{m_2 - m_0}{St} \tag{10-34}$$

式中，$v_{增}$ 为金属的腐蚀速率，$g \cdot m^{-2} \cdot h^{-1}$；$m_2$ 为带有腐蚀产物的试件的质量，g；其余符号

同式（10-33）。

对于密度相同的金属，可以用上述方法比较其耐蚀性能。对于密度不同的金属，尽管单位表面积的质量变化相同，其腐蚀深度却不一样，对此，用腐蚀深度表示腐蚀速率更合适。其换算公式如下：

$$v_{深} = 8.76 \times \frac{v_{失}}{\rho} \qquad (10\text{-}35)$$

式中，$v_{深}$ 为采用腐蚀深度表示的腐蚀速率，$mm \cdot a^{-1}$；ρ 为金属的密度，$g \cdot m^{-3}$；其余符号同式（10-33）。

中性盐雾试验是使用非常广泛的一种人工加速腐蚀的试验方法，适用于检验多种材料和涂层。将样品暴露于盐雾试验箱中，试验时喷入经雾化的试验溶液，细雾在自重的作用下均匀地沉降在试样表面。试验溶液为5% NaCl溶液，pH值范围为6.5～7.2，试验时盐雾箱内的温度恒定在(35±1)℃。

试样放入盐雾箱时，应使受检验的主要表面与垂直方向成15°～30°角。试样间的距离应使盐雾能自由沉降在所有试样上，且试样表面的盐水溶液不应滴在任何其他试样上。试样彼此间互不接触，也不得和其他金属或吸水的材料接触。

三、实验设备和材料

1. 主要设备

盐雾腐蚀试验箱（图10-13）、金相试样磨光机、分析天平、pH计、游标卡尺、电吹风。

2. 主要材料

碳钢。

试剂：盐酸、氢氧化钠、氯化钠、丙酮、涂料、去离子水。

四、实验内容

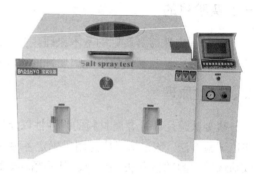

图10-13　盐雾腐蚀试验箱

1. 溶液配制：在常温下，用去离子水配制浓度为(50±5) $g \cdot L^{-1}$ 的氯化钠溶液，用盐酸或氢氧化钠调整氯化钠溶液的pH值在6.5～7.2范围内，用pH计检测。

2. 调节盐雾箱中温度为(35±1)℃，盐雾沉降量经24h连续喷雾后每 $80cm^2$ 为 $1～2 mL \cdot h^{-1}$。

3. 将碳钢试片用丙酮除油，蒸馏水清洗干净后吹干待用。干燥24h后用天平精确称重，并观察试片的表面形态，用游标卡尺测量试件的尺寸。然后把试件安装在夹具上，放入盐雾箱内，试片的被试面朝上，并与垂直方向成20°±5°角。试片放入盐雾箱中4h后取出，用不高于40℃的流动水轻洗除掉表面残留的盐溶液，丙酮擦洗后用电吹风吹干，分析天平称重，观察试片表面形态。

4. 将碳钢试片用丙酮除油，蒸馏水清洗干净后电吹风吹干。然后涂刷涂料，自然风干。用分析天平精确称重，并观察试片的表面形态，用游标卡尺测量试件的尺寸。试片放入盐雾箱中4h后取出试片，用不高于40℃的流动水轻洗除掉表面残留的盐溶液，无水乙醇擦洗后用电吹风吹干，天平称重，并观察试片表面形态。

5. 数据记录与结果处理

实验前碳钢试片质量 m_0：_____ g；

实验后碳钢试片质量 m_1：_____ g；

计算腐蚀速率：_____ $g \cdot m^{-2} \cdot h^{-1}$；

比较腐蚀前后试片表面状态的变化。

实验前带涂层碳钢试片质量 m_0：_____ g；

实验后带涂层碳钢试片质量 m_1：_____ g；

计算腐蚀速率：_____ $g \cdot m^{-2} \cdot h^{-1}$；

比较腐蚀前后试片表面状态的变化。

五、思考与讨论

实验过程中试样放置应注意哪些问题？

实验三十五　不锈钢腐蚀的综合评价实验

一、实验目的

1. 了解不锈钢的种类、特点和常见腐蚀类型。
2. 掌握不锈钢腐蚀速率的测试方法及介质对腐蚀速率的影响。
3. 掌握不锈钢点蚀、晶间腐蚀的电化学测量和评价方法。
4. 了解不锈钢腐蚀过程的等效电路模型及阻抗谱图的意义。

二、实验原理

1. 不锈钢概述

不锈钢是指在自然环境或一定介质中具有耐腐蚀性的一类钢种的统称。有时，把能够抵抗大气或弱性腐蚀介质腐蚀的钢称为不锈钢；而把能够抵抗强腐蚀介质腐蚀的钢称为耐蚀钢。不锈钢由于其优异的耐蚀性、宽的强度范围以及外表美观等综合性能而被广泛地应用于工业生产部门及日常生活的各个领域。

不锈钢的种类很多，性能各异，常见的分类方法有：

（1）按化学成分或特征元素，可分为铬不锈钢、铬镍不锈钢、铬锰氮不锈钢、铬镍钼不锈钢、超低碳不锈钢等。

（2）按钢的性能特点和用途，可分为耐硝酸不锈钢、耐硫酸不锈钢、耐点蚀不锈钢、耐应力腐蚀不锈钢、高强度不锈钢等。

（3）按钢的功能特点，可分为低温不锈钢、无磁不锈钢、易切削不锈钢、超塑性不锈钢等。

（4）按钢的组织，可分为马氏体不锈钢、铁素体不锈钢、奥氏体不锈钢和双相不锈钢等。

2. 不锈钢的腐蚀

耐蚀性是不锈钢的最主要性能指标，因此在设计不锈钢时常通过促进钝化（向钢中加入铬、铝、硅等）、提高电极电位（加入 13% 以上的铬元素）和获得单相组织（单一铁素体、马氏体或奥氏体等）等措施改善不锈钢的耐蚀性。然而由于腐蚀介质的种类、浓度、温度、压力、流速等的不同，不锈钢也会因钝态的破坏而导致严重的腐蚀。

不锈钢的腐蚀，常可分为两大类，即均匀腐蚀和局部腐蚀；而局部腐蚀又可细分为点蚀、晶间腐蚀、缝隙腐蚀、应力腐蚀等。

（1）均匀腐蚀。均匀腐蚀是一种常见的腐蚀形式，它导致材料均匀变薄。由于浸蚀均匀并可预测，因而这类腐蚀的危害较小。

对不锈钢，均匀腐蚀的实用耐蚀界限是 0.1 mm·a⁻¹。当腐蚀速率小于 0.01 mm·a⁻¹ 时，是"完全耐蚀"的；腐蚀速率小于 0.1 mm·a⁻¹ 时，是"耐蚀"的；腐蚀速率为 0.1～1.0 mm·a⁻¹ 时，是"不耐蚀"的，但在某些场合可用；腐蚀速率大于 1.0 mm·a⁻¹ 时，属于严重腐蚀，不可用。

（2）点蚀。点蚀是不锈钢在使用中经常出现的腐蚀破坏形式之一。点蚀虽然使金属的质量损失很小，但若连续发生，能导致腐蚀穿孔直至整个设备失效，从而造成巨大的经济损失和事故。

对不锈钢的点蚀，一般认为是由于腐蚀性阴离子（如 Cl^- 等）在氧化膜表面吸附后离子穿过钝化膜所致。腐蚀性阴离子与金属离子结合形成强酸盐而使钝化膜溶解，从而产生蚀孔。如果钢的再钝化能力不强，蚀孔将继续扩展形成点蚀源，进而形成小阳极（蚀孔内）大阴极（钝化表面），从而加速蚀孔向深处发展，直至将金属穿透。

影响点蚀的腐蚀性阴离子，除 Cl^- 外，还有 NO_3^-、SO_4^{2-}、OH^-、CrO_4^{2-} 等。此外，溶液的 pH、温度、浓度和介质流速等也会对不锈钢的点蚀有较大的影响。

从材料因素看，钢的组织不均匀性如晶界、夹杂物、显微偏析、空洞、刀痕、缝隙等都会成为点蚀的起源。加入 Cr、Mo、Ni、V、Si、N、Re 等可显著提高不锈钢的抗点蚀能力。

（3）晶间腐蚀。晶间腐蚀是一种危害性很大的腐蚀破坏形式，常发生在经过 450～800℃温度加热的奥氏体不锈钢或受 450～800℃温度热循环的奥氏体不锈钢焊接接头热影响区中。究其原因，比较被广泛接受的说法是晶界贫铬理论。奥氏体不锈钢在 450～800℃的敏化温度区间加热或时效过程中，沿晶界析出 $Cr_{23}C_6$，引起奥氏体晶界贫铬，使固溶体中铬含量降至钝化所需极限含量以下引起的。

对奥氏体不锈钢的晶间腐蚀，可通过固溶处理、降低钢的碳含量、加入钛或铌等稳定化元素、改变晶界碳化物析出数量和分布等方法加以改善。

（4）其他腐蚀。除以上腐蚀形式外，应力腐蚀、腐蚀疲劳和腐蚀磨损等也是不锈钢经常发生的腐蚀破坏形式。

3. 不锈钢腐蚀的测量与评价

（1）阳极极化曲线。不锈钢在腐蚀介质中的阳极极化曲线，是评价钝化金属腐蚀能力的常规方法。给被测定的不锈钢施加一个阳极方向的极化电位，并测量阳极极化电流随电位的变化曲线，如图 10-14 所示。

整个曲线分为 4 个区，AB 段为活性溶解区，不锈钢的阳极溶解电流随电位的正移而增大，一般服从半对数关系。随不锈钢的溶解，生成的腐蚀产物在不锈钢表面上形成保护膜。BC 段为过渡区，电位和电流出现负斜率的关系，即随保护膜的形成不锈钢的阳极溶解电流急剧下降。CD 段为钝化区，在此区间不锈钢处于稳定的钝化状态，电流随电位的变化很小。DE 段为

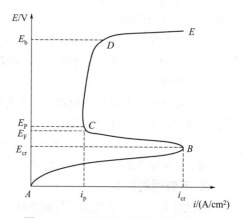

图 10-14　不锈钢的典型阳极极化曲线

过钝化区，此时不锈钢的阳极溶解重新随电位的正移而增大，不锈钢在介质中形成更高价的可溶

性氧化物或有氧气析出。

钝化曲线中的 E_{cr} 为致钝电位，E_{cr} 越负，不锈钢越容易进入钝化区。E_F 称为 Flade 电位，是不锈钢由钝态转入活化态的电位，E_F 越负表明越不容易由钝态转入活化态。E_b 称为点蚀电位，越正表明不锈钢的钝化膜越不容易破裂。$E_p \sim E_b$ 称为钝化区间，钝化区间越宽表明不锈钢的钝化能力越强。i_{cr} 称为致钝电流密度；i_p 称为维钝电流密度。

由以上可以看出，钝化曲线上的几个特征电位和电流为评价不锈钢在腐蚀介质中的耐蚀行为提供了重要的实验参数。

（2）线性极化方法。不锈钢在腐蚀介质中的腐蚀速率，是评价不锈钢耐蚀能力的主要参数。常规的质量法，测试时间冗长，步骤复杂。线性极化法以其灵敏、快速、方便的特点，已成为测量不锈钢腐蚀速率的常用方法。线性极化法的原理是依据在电极的自腐蚀电位附近（±10mV）施加微小的极化电位，并测定极化电流随电位的变化曲线。根据 Stern-Geary 的理论推导，对活化控制的腐蚀体系，极化阻力（$R_p = \Delta E / \Delta i$）与自腐蚀电流存在如下关系：

$$R_p = \frac{\Delta E}{\Delta i} = \frac{b_a b_c}{2.303(b_a + b_c)} \times \frac{1}{i_{corr}}$$ （10-36）

式中，ΔE 为极化电位，mV；Δi 为极化电流密度，$A \cdot cm^{-2}$；R_p 为线性极化电阻，$\Omega \cdot cm^2$,其物理意义是极化曲线上腐蚀电位附近线性区的斜率；i_{corr} 为自腐蚀电流密度，$A \cdot cm^{-2}$；b_a 和 b_c 分别为常用对数下的阳极、阴极塔菲尔系数，对一定的腐蚀体系可认为是常数。

如令

$$B = \frac{b_a b_c}{2.303(b_a + b_c)}$$ （10-37）

式（10-36）可简化为：

$$i_{corr} = B / R_p$$ （10-38）

显然，通过测量不锈钢在腐蚀介质中的极化阻力 R_p，可以分析介质对不锈钢腐蚀速率的影响。

（3）电化学阻抗谱方法。若把不锈钢在 $0.25\,mol \cdot L^{-1} H_2SO_4$ 溶液中的腐蚀过程，视为一个简单的电极过程 $O_x + ne \rightleftharpoons R_{ed}$。由理论分析，其电极过程的等效电路如图 10-15 所示。其中 R_s、C_d 分别为溶液电阻和双电层电容；R_{ct} 为电化学反应电阻；$R_{\omega R}$ 和 $C_{\omega R}$ 是物质 R 浓差极化的电阻和电容；$R_{\omega O}$ 和 $C_{\omega O}$ 是物质 O 浓差极化的电阻和电容。

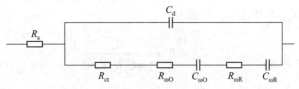

图 10-15　电极过程的等效电路模型

在平衡电位附近施加一个小幅度、频率为 ω 的正弦电压时，法拉第阻抗支路中各元件的阻抗与电化学参数间的关系为：

$$R_{ct} = \frac{RT}{nF} \times \frac{1}{i^0}$$

（10-39）

$$R_{\omega O} = \frac{1}{\omega C_{\omega O}} = \frac{RT}{n^2 F^2 \sqrt{2\omega D_O C_O^0}} \tag{10-40}$$

$$R_{\omega R} = \frac{1}{\omega C_{\omega R}} = \frac{RT}{n^2 F^2 \sqrt{2\omega D_R C_R^0}} \tag{10-41}$$

式中，C_O^0 为物质 O 的本体浓度；C_R^0 为物质 R 的本体浓度；

D_O 为物质 O 的扩散系数；D_R 为物质 R 的扩散系数。用复数表示物质 O、R 的浓差极化阻抗 Z_ω 可写成：

$$Z_\omega = Z_{\omega O} + Z_{\omega R} = R_{\omega O} + R_{\omega R} - j\left(\frac{1}{\omega C_{\omega O}} + \frac{1}{\omega C_{\omega R}}\right)$$

$$= \frac{RT}{n^2 F^2 \sqrt{2}}\left(\frac{1}{C_O^0 \sqrt{D_O}} + \frac{1}{C_R^0 \sqrt{D_R}}\right)\left[\frac{1-j}{\sqrt{\omega}}\right] \tag{10-42}$$

如令

$$S = \frac{RT}{n^2 F^2 \sqrt{2}}\left(\frac{1}{C_O^0 \sqrt{D_O}} + \frac{1}{C_R^0 \sqrt{D_R}}\right) \tag{10-43}$$

则有：

$$Z_\omega = S\omega^{-1/2} - jS\omega^{-1/2} = S\left(\frac{1-j}{\sqrt{\omega}}\right) \tag{10-44}$$

因而等效电路的总阻抗为：

$$Z = R_s + \frac{1}{j_\omega C_d + \cfrac{1}{R_{ct} + S\omega^{-1/2} - jS\omega^{-1/2}}} \tag{10-45}$$

在高频区存在 $R_{ct} \geq Z_\omega$，Z_ω 可忽略，则等效电路的阻抗简化为：

$$Z = R_s + \frac{1}{j\omega C_d + \cfrac{1}{R_{ct}}} = R_s + \frac{R_{ct}}{j\omega C_d R_{ct} + 1} \tag{10-46}$$

其中阻抗的实部 Z_{Re} 和虚部 Z_{Im} 分别为：

$$Z_{Re} = R_s + \frac{R_{ct}}{\left(\omega C_d R_{ct}\right)^2 + 1} \tag{10-47}$$

$$Z_{Im} = \frac{\omega C_d R_{ct}}{\left(\omega C_d R_{ct}\right)^2 + 1} R_{ct} \tag{10-48}$$

经计算可得：

$$\left(Z_{Re} - R_s - \frac{1}{2} R_{ct}\right)^2 + Z_{Im}^2 = \left(\frac{1}{2} R_{ct}\right)^2 \tag{10-49}$$

由式（10-49）可知，在高频区等效电路的复数平面图是一个圆心在 $(R_s+1/2\,R_{ct})$、半径为 $1/2$ R_{ct} 的半圆，如图 10-16 所示。

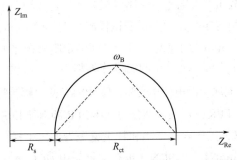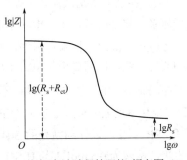

图 10-16　电极腐蚀过程的阻抗复数平面图（Nyquist 图）　图 10-17　电极腐蚀过程的阻抗-频率图（Bode 图）

在 $\omega \to \infty$ 处，$Z_{Re}=R_s$；在 $\omega \to 0$ 处，$Z_{Re}=R_s+R_{ct}$；在半圆顶点 $C_d=1/(\omega_B R_{ct})$（ω_B 为半圆顶点处的频率）。从复数平面图（Nyquist 图）可方便地求出简单电极反应等效电路的溶液电阻 R_s、电极反应电阻 R_{ct} 和双电层电容 C_d 等参数。

另外，以 $\lg(|Z|)$ 对 $\lg\omega$ 作图，可得阻抗-频率图（Bode 图），如图 10-17 所示。当 $\lg\omega \to \infty$ 时，$\lg(|Z|) \to \lg R_s$；当 $\lg\omega \to 0$ 时，$\lg(|Z|) \to \lg(R_s+R_{ct})$。进而可分析腐蚀过程中各因素对溶液电阻 R_s、电极反应电阻 R_{ct} 等的影响规律。

（4）点蚀的电化学实验方法。对不锈钢的点蚀，除利用 6%$FeCl_3$ 进行化学浸泡，进而通过显微镜观察点蚀密度、大小和深度外，最主要的检测和评定方法就是电化学方法。测量与评价点蚀的电化学实验方法，又可分为控制电位法（包括阳极极化曲线法和恒电位法）和控制电流法（阳极极化曲线法和恒电流法）两类。

控制电位中的恒电位法如下：①点蚀电位 E_b，在点蚀电位 E_b 附近选择不同的电位值，测定恒定电位下的电流-时间曲线，如图 10-18（a）所示。当 $E < E_b$ 时，电流密度随时间而下降，不锈钢表面为钝态；当 $E > E_b$ 时，不锈钢产生点蚀，电流密度随时间而上升。将电流密度不随时间变化或略有下降的最高电位定义为 E_b。②保护电位 E_{pr}（或 E_p），测试前先在高于 E_{pr} 电流的电位下对试样进行活化处理，然后在各规定的恒定电位下测量电流密度随时间的变化，如图 10-18（b）所示。需要注意的是当更换电位时须使用一个新的试样。当 $E > E_{pr}$ 时，已存在的蚀孔继续扩展生长，电流密度随时间而持续上升；当 $E < E_{pr}$ 时，已有的蚀孔将发生钝化，电流密度随时间而下降。

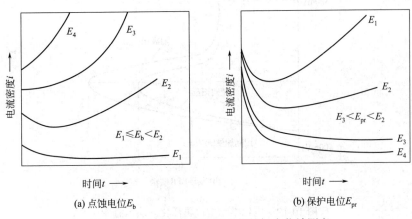

图 10-18　点蚀电位和保护电位的恒电位法测定

在控制电流法中，也可通过阳极极化曲线法和恒电流法确定点蚀电位 E_b 和保护电位 E_{pr}。

此外，对不锈钢的点蚀还可通过测定临界点蚀温度来评价。其测试方法是在 0℃ 配制 1mol/L 的 NaCl 溶液，并以不锈钢试样（工作电极）、饱和甘汞电极（参比电极）和铂片（辅助电极）组成三电极体系。将三电极体系与电化学工作站相连接，并对不锈钢试样施加 $700mV_{SCE}$ 的阳极极化电位。之后将溶液放入恒温水浴中，并以 $1\ ℃\cdot min^{-1}$ 的速度升温。进而测定阳极极化电流密度随时间的变化曲线，以阳极极化电流密度超过 $100\ \mu A\cdot cm^{-2}$ 时的温度称为临界点蚀温度。

（5）晶间腐蚀的电化学实验方法。不锈钢晶间腐蚀的电化学实验，除 10% 草酸电解实验外，最主要的就是电化学动电位再活化方法（EPR 法）。EPR 法，又可细分为单环 EPR 和双环 EPR 两种。

单环 EPR 实验：以仔细抛光的 304 不锈钢为工作电极、饱和甘汞电极为参比电极、石墨棒为辅助电极，试液为 $0.5\ mol\cdot L^{-1}\ H_2SO_4 + 0.01\ mol\cdot L^{-1}\ KSCN$（也有文献采用 HCl、$NH_4SCN$、硫代乙酰胺或硫脲作为活化剂），实验温度为 30℃。首先经恒电位仪或电化学工作站对不锈钢试样进行从腐蚀电位（大约 $-400mV_{SCE}$，相对于饱和甘汞电极）到钝化电位（$+200mV_{SCE}$）的阳极极化。然后逆向再活化至腐蚀电位，扫描速率选择 $6\ V\cdot h^{-1}$ 或 $1.67\ mV\cdot s^{-1}$；如扫描过程中通过的总电荷为 Q[图 10-19（a）] 中阴影部分的面积，单位为 C，则以单位晶界面积的电量 $P_a=Q/GBA$ 表示晶间腐蚀的程度。式中，$GBA=A_s[5.09544×10^{-3}\exp（0.34696X）]$，$A_s$ 为试样面积，X 为 ASTM 确定的晶粒尺寸。

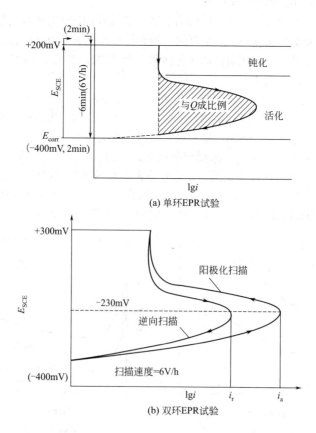

(a) 单环EPR试验

(b) 双环EPR试验

图 10-19　电化学动电位再活化方法示意图

经实验表明,当 P_a = 0.01~5.0 C·cm^{-2} 时,与草酸电解实验中的"台阶"结构相对应;当 P_a=5.0~20.0 C·cm^{-2} 时,与草酸电解实验中的"混合(台阶+沟槽)"结构相对应;当 P_a > 20 C·cm^{-2} 时,与草酸电解实验中的"沟槽"结构相对应。

双环 EPR 实验:试液、电极组成和极化方式与单环 EPR 试验相同,只不过以 6 V·h^{-1} 或 1.67 mV·s^{-1} 的扫描速度从腐蚀电位(大约−400mV$_{SCE}$)极化到钝化电位(+300mV$_{SCE}$);然后再以相同的速度反向扫描至腐蚀电位,如图 10-19(b)所示。以再活化环和阳极化环的最大电流 i_r 和 i_a 之比,作为不锈钢敏化程度的指标。

经实验表明,当 i_r/i_a 处于 0.0001~0.001 时,对应草酸电解实验中的"台阶"结构;当 i_r/i_a 处于 0.001~0.05 时,对应草酸电解实验中的"混合(台阶+沟槽)"结构;当 i_r/i_a 处于 0.05~0.30 时,对应草酸电解实验中的"沟槽"结构。

此外,利用电化学恒电位再活化法(ERT)也可评价不锈钢的晶间腐蚀敏感性。该方法的试液和电极组成均与 EPR 实验相同,但极化方式分为三步。第一步是在恒定活化电位+70mV$_{SHE}$ 下阳极极化 5min,极化结束时的极化电流密度为 i_A;第二步是在恒定钝化电位+500mV$_{SHE}$ 下阳极极化 5min;第三步是在回到活化电位+70mV$_{SHE}$ 下阳极极化 100s,极化结束时的极化电流密度为 i_R,并以 i_R/i_A 的比值反映不锈钢的敏化程度。

三、实验设备和材料

1. 主要设备

CS310H 电化学工作站 1 台;饱和甘汞电极、铂片电极(或石墨棒电极)各 1 支;恒温加热水浴槽 1 台。

2. 主要材料

430 铁素体不锈钢、304 奥氏体不锈钢(1300℃固溶处理及 650℃、14h 的敏化处理)。实验前,利用环氧树脂封装试样、并留出 1cm^2 的测试面积;采用金相砂纸依次研磨抛光、乙醇除油、蒸馏水清洗、烘干处理。

实验用试液分别为 0.25 mol·L^{-1} H$_2$SO$_4$、0.25 mol·L^{-1} H$_2$SO$_4$+0.5 mol·L^{-1} NaCl、3%NaCl、1mol·L^{-1} NaCl、0.5 mol·L^{-1} H$_2$SO$_4$ + 0.01 mol·L^{-1} KSCN,温度为 25℃。

四、实验内容

1. 将电解池的三电极与 CS310H 电化学工作站的相应接头相连接。

2. 打开测试软件 CS Studio,在"测试方法"中选择"稳态极化-动电位扫描",并设置测试参数;之后分别测试 304 不锈钢和 430 不锈钢在 0.25 mol·L^{-1} H$_2$SO$_4$ 溶液中的阳极极化曲线。

3. 打开测试软件 CS Studio,在"测试方法"中选择"稳态极化-动电位扫描",并设置测试参数。测试 304 不锈钢和 430 不锈钢分别在 0.25 mol·L^{-1} H$_2$SO$_4$ 和 0.25 mol·L^{-1} H$_2$SO$_4$+ 0.5 mol·L^{-1} NaCl 溶液的线性极化曲线,计算得出极化电阻值。

4. 打开测试软件 CS Studio,在"测试方法"中选择"交流阻抗-阻抗～频率扫描",并设置测试参数。分别测试 304 不锈钢和 430 不锈钢在 0.25 mol·L^{-1} H$_2$SO$_4$ 溶液中、不同电位(腐蚀电位 E_{corr} + 100mV、E_{corr}+500mV)下的电化学阻抗谱。

5. 打开测试软件 CS Studio,在"测试方法"中选择"稳态极化-动电位扫描",并设置测试参数。分别测试 304 不锈钢和 430 不锈钢在 3%NaCl 溶液的阳极极化曲线。

6. 打开测试软件 CS Studio，在"测试方法"中选择"稳态极化-恒电位极化"，并设置不同的初始电位等参数。测试 304 不锈钢和 430 不锈钢在 3%NaCl 溶液的电流-时间曲线。

7. 将三电极系统安装在盛装 1 mol·L^{-1} NaCl 溶液的电解池中，并将电解池放入恒温加热水浴槽中，按 1℃/min 的速度升温。打开测试软件 CS Studio，在"测试方法"中选择"稳态极化-恒电位极化"方法，并设置初始电位为 700mV。之后测试 304 不锈钢和 430 不锈钢在 1 mol·L^{-1} NaCl 溶液的临界点蚀温度。

8. 打开测试软件 CS Studio，在"测试方法"中选择"伏安分析-线性循环伏安"，并设置测试参数。分别测试经固溶和敏化处理的 304 不锈钢在 0.5 mol·L^{-1} H$_2$SO$_4$+0.01 mol·L^{-1} KSCN 溶液中阳极极化扫描和逆向扫描时的最大电流 i_a 和 i_r 值。

9. 实验结果处理

（1）从阳极极化曲线中确定 304 不锈钢和 430 不锈钢在 0.25 mol·L^{-1} H$_2$SO$_4$ 溶液中的点蚀电位、钝化电位区间、致钝电流密度和维钝电流密度。

（2）按式（10-36）和式（10-38）计算 304 不锈钢和 430 不锈钢分别在 0.25 mol·L^{-1} H$_2$SO$_4$ 和 0.25 mol·L^{-1} H$_2$SO$_4$ + 0.5 mol·L^{-1} NaCl 溶液的极化电阻和腐蚀电流密度。

（3）按电化学阻抗谱图确定不同电位下 304 不锈钢、430 不锈钢在 0.25 mol·L^{-1} H$_2$SO$_4$ 溶液中的溶液电阻 R_s、电化学反应电阻 R_t 和双电层电容 C_d。

（4）由 304 不锈钢和 430 不锈钢在 3%NaCl 溶液的阳极极化曲线，以及不同电位下的电流-时间曲线确定 304 不锈钢和 430 不锈钢在 3%NaCl 溶液的点蚀电位。

（5）由不同电位下的电流-时间曲线确定 304 不锈钢和 430 不锈钢在 1 mol·L^{-1} NaCl 溶液的临界点蚀温度。

（6）分别计算经固溶和敏化处理的 304 不锈钢的 i_r/i_a 值，比较两者晶间腐蚀的敏化程度。采用金相显微镜观察实验后试样表面的形貌。

五、思考与讨论

1. 从不锈钢的阳极极化曲线入手，分析可用哪些参数评价不锈钢的耐腐蚀能力。

2. 在 0.25 mol·L^{-1} H$_2$SO$_4$ 溶液中，304 不锈钢和 430 不锈钢的耐蚀性能哪个更好？为什么？

实验三十六　金属材料阴极保护实验

内容一　外加电流的阴极保护实验

一、实验目的

1. 掌握外加电流法实行阴极保护的基本原理。

2. 了解最小保护电流和保护电位的测定方法。

二、实验原理

当金属材料处于腐蚀性溶液中时，金属便失去电子成为离子而溶解于溶液中。例如，将铁放入稀盐酸溶液中，铁表面就会发生如下反应。

阳极反应：$$Fe \longrightarrow Fe^{2+} + 2e^-$$
阴极反应：$$2H^+ + 2e^- \longrightarrow H_2$$

因此，铁发生了腐蚀。此时，如果给腐蚀的金属施加阴极电流，使金属的电极电位负移，从而抑制金属腐蚀的发生。这种通过给被保护金属施加阴极电流的保护方法称为阴极保护。按给金属提供阴极电流方式的不同，可分为外加电流法阴极保护和牺牲阳极法阴极保护两种。

如果通过外加电源给铁施加阴极电流即提供电子（图10-20），铁的腐蚀反应将受到阻碍。当施加的阴极电流使阴极极化电位达到金属阳极反应的平衡电位时，金属就不腐蚀了，这就是外加电流法阴极保护的原理。

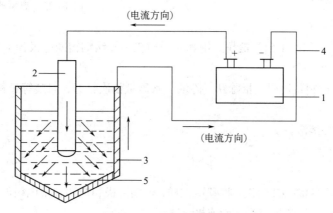

图 10-20 阴极保护示意图

1—直流电源；2—阳极；3—待保护设备；4—导线；5—腐蚀介质

从极化曲线看，金属在没有进行阴极保护时，金属的阳极极化曲线 $E_a^0 S$ 和阴极极化曲线 $E_c^0 S$ 相交于 S 点（图10-21）。这时的金属腐蚀电流称为自腐蚀电流 i_{corr}，金属的电位称为自腐蚀电位 E_{corr}。当进行阴极保护时，由于阴极电流的施加使金属的电位向负方向移动。如当外加电流为 i_1（相当于 OP 段）时，金属的电位变为 E_1，而金属的腐蚀电流降低为 i_a（相当于 $E_1 P$ 段）了。当外加电流继续增大，金属的电位将向更负的方向移动。如外加的阴极电流增大至 $i_{保护}$（相当于 $E_a^0 R$ 段）时，金属的总电位到达金属阳极反应的平衡电位 E_a^0 时，阳极腐蚀电流变为零，金属的腐蚀就不再发生了。此时的阴极电流 $i_{保护}$ 称为最小阴极保护电流。

在本实验中，利用恒电流法通过测定金属的阴极极化曲线来确定最小保护电流密度和最小保护电位。当被保护金属通以外加阴极电流时阴极电位就向负方向移

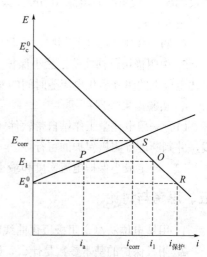

图 10-21 阴极保护的实施原理

动，如外加阴极电流由 i_A 增加到 i_B 时电位由 E_A 负移至 E_C，但电位变化幅度不大（图 10-22）。当外加阴极电流继续增加至 i_C 时，阴极电位由 E_B 突变到 E_C，表明阴极上积累了大量电子，即阴极极化加强了，从而使阴极得到了保护。因此，最小的保护电流可选择在 i_B 与 i_C 之间的 i_N 点，而最小保护电位可选择在 E_B 与 E_C 之间的 E_N 点。如由 i_C 继续增加阴极电流，阴极电位虽继续向负方向移动，但变化率很小。当阴极电位达到 E_D 后，氢的去极化作用加剧，在阴极上析出大量氢气，若表面有涂层存在时，会使表面涂层产生阴极剥离破坏。所以采用阴极保护时，最大的阴极保护电位可在 E_C 和 E_D 之间进行选择。

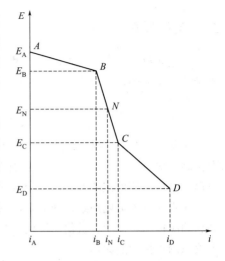

图 10-22　典型的阴极极化曲线

三、实验设备和材料

1. 主要设备

CS310H 电化学工作站 1 台，盐桥、饱和甘汞电极、不锈钢辅助电极各 1 个，烧杯 2 个。

2. 主要材料

Q235 碳钢，试样制备过程包括除锈、除油、水砂纸依次打磨、封装等过程，并留出 $1\,cm^2$ 的工作面。

试液为 3% NaCl 溶液。

四、实验内容

1. 在烧杯中注入 3%NaCl 溶液，将碳钢试样、辅助阳极和饱和甘汞电极放入电解液中。三电极分别与电化学工作站相应的接头正确连接。

2. 浸泡 30min 后，采用电化学工作站测量碳钢试样的自腐蚀电位 E_{corr}。

3. 打开测试软件 CS Studio，在"测试方法"中选择 "稳态极化-动电流极化"方法。"测试参数"测定，设置初始电流−0.1mA。设置终止电流−2.0mA。设置扫描速度为 0.01mA/s。单击"确定"进入实验。

4. 对氯化钠溶液进行搅拌，重复步骤 2 和步骤 3，测量搅拌条件下的阴极极化曲线。

5. 由阴极极化曲线确定最小保护电流和最小保护电位。然后，选定固定的阴极极化电位，测定此电位下的阴极极化电流随时间的变化曲线。对比阴极极化曲线，判断实施阴极保护的可行性。

6. 实验结果处理

（1）采用电化学工作站自带软件 CS Studio，绘制出有无搅拌条件下碳钢试样的阴极极化曲线，并判断施行阴极保护的可行性。

（2）确定最小保护电流密度和最小保护电位。

五、思考与讨论

1. 用恒电位法测定阴极极化曲线时，能否得到与恒电流法测量时一样的实验结果？为什么？

2. 阴极保护的基本参数是什么？如何确定？

3. 搅拌对阴极极化曲线有何影响？为什么？

内容二　牺牲阳极的阴极保护实验

一、实验目的

1. 掌握牺牲阳极的阴极保护的基本原理。
2. 进一步了解电偶腐蚀的原理和测试方法。

二、实验原理

牺牲阳极的阴极保护，其原理是：首先选择一种电极电位比被保护金属（如钢铁结构物）更负的活泼金属（如铝、锌或镁合金等），将它与共同置于电解质环境中的被保护金属从外部实现电连接。于是活泼金属在所构成的电化学电池中成为阳极而优先腐蚀溶解（故称为牺牲阳极），其释放出的电子（负电流）使被保护金属阴极极化，从而抑制金属结构物的腐蚀、实现结构物的保护。

由上可见，牺牲阳极的阴极保护与电偶腐蚀的原理相同。对电偶腐蚀，在活化极化控制体系中，电偶电流 I_g 可表示为电偶电位 E_g 处电偶对阳极金属上局部阳极电流 I_a 与局部阴极电流 I_c 之差：

$$I_g = I_a - I_{corr} \exp \left[-\frac{2.303 \left(E_g - E_{corr} \right)}{b_c} \right] \tag{10-50}$$

式中，I_a 为电偶对中阳极金属的真实溶解电流；E_{corr} 和 I_{corr} 分别为电偶对阳极金属的自腐蚀电位和自腐蚀电流；b_c 为阳极金属的阴极塔菲尔常数。

对式（10-50），如 $E_g \gg E_{corr}$，即形成电偶对后阳极极化很大；$I_g \approx I_a$，此时电偶电流等于电偶对中阳极金属的溶解电流；如 $E_g \approx E_{corr}$，即形成电偶对后阳极极化很小，则 $I_g = I_a - I_{corr}$，此时电偶电流等于电偶对中阳极金属溶解电流的增加量。

在扩散控制体系中，电偶对中阳极金属的溶解电流密度 i_a 与电偶电流密度 i_g 及电偶对中阳极金属面积 S_a、阴极金属面积 S_c 的关系为：

$$i_a = i_g \left(1 + \frac{S_a}{S_c} \right) \tag{10-51}$$

$$E_g = E_{corr} + b_a \log \frac{S_a}{S_c} \tag{10-52}$$

在本实验中，以 Q235 碳钢为被保护材料，铝合金为牺牲阳极，通过测量钢-铝对的电偶电流、电偶电位并对照 Q235 钢的阴极极化曲线等来判断牺牲阳极法阴极保护的可行性。

三、实验设备和材料

1. 主要设备

CS310H 电化学工作站 1 台、饱和甘汞电极 1 支、不锈钢辅助电极 1 个、电解槽（1000mL）1 个。

2. 主要材料

Q235 碳钢，牺牲阳极选用铝合金。在测试前，碳钢和铝合金试样均依次经过切割、除油、除锈、打磨、水砂纸研磨、封装等处理。碳钢与铝合金的工作面积比分别为 10∶1、1∶1 和 1∶10。

试液为 3%NaCl 溶液，实验温度为室温。

四、实验内容

1. 以饱和甘汞电极为参比电极、Q235 碳钢为工作电极、不锈钢为辅助电极，与电化学工作站接好线路。浸泡 30min 后，测量碳钢试样的自腐蚀电位。利用恒电流法测试 Q235 碳钢在 3% NaCl 溶液中的阴极极化曲线。

2. 以饱和甘汞电极为参比电极、Q235 碳钢为工作电极 I、铝合金为工作电极 II，与接地的辅助电极夹相连接，利用电化学工作站测量碳钢和铝合金电极的自腐蚀电位；打开控制软件，选择电化学噪声功能，此时软件窗口将会显示偶接电位 E_g 和电偶电流 i_g，测试碳钢与铝合金电偶对的偶合电位 E_g 和阳极输出电流 i_g 随时间的变化曲线。

3. 改变碳钢/铝合金的面积比，重复测量电偶对的偶合电位 E_g 和阳极输出电流 i_g。

4. 将阴极极化曲线与 E_g-t、i_g-t 曲线进行对比，判断用牺牲阳极实施阴极保护的可行性。

5. 用锌合金作为牺牲阳极材料，重复步骤 2～步骤 4，进而判断锌合金牺牲阳极的有效性。

6. 实验结果处理

（1）采用 CS Studio 软件绘制碳钢试样在 3.5%NaCl 溶液中的阴极极化曲线。

（2）分析不同工作面积比下阳极输出电流和偶合电位的变化规律。

（3）判断用铝合金作为牺牲阳极对碳钢试样在 NaCl 溶液中实施阴极保护的可行性。

五、思考与讨论

1. 阴阳极的面积比对阳极输出电流和偶合电位有什么影响？

2. 偶合电位 E_g 与两电极的自腐蚀电位有什么关系？阳极输出电流等于作为牺牲阳极金属的溶解电流吗？为什么？

3. 牺牲阳极的电极电位对阴极保护的效果有什么影响？

第十一章 >>>
金属材料失效分析

　　失效分析是指分析研究机械构件的断裂、表面损伤及变形等失效现象的特征及规律，并从中找出产生失效的主要原因。按失效机理，金属材料的常见失效形式有：变形失效、断裂失效、磨损失效和腐蚀失效等几种主要类型。

　　1. 变形失效，变形通常是机械构件在外载荷作用下，形状和尺寸发生变化的现象。从微观上讲是指材料在外载荷作用下，晶格产生畸变，宏观上发生了变形。若外载消除变形亦消除时，这种变形为弹性变形；若外载消除，晶格不能恢复原样，即畸变不能消除时，称这种变形为塑性变形。变形失效是指机械构件在使用过程中产生过量变形，即不能满足原设计要求的变形量。

　　变形失效分为弹性变形失效和塑性变形失效两种。弹性变形失效仅是材料的弹性模量发生变化，而与机械构件的尺寸和形状无关；塑性变形失效将导致机械构件表面损伤，其机械构件的形状与尺寸均发生变化。

　　2. 断裂失效，断裂是指金属、合金材料或机械产品在外载荷的作用下分成两部分（或以上）的现象。断裂是个动态的变化过程，包括裂纹的萌生及扩展过程。断裂失效是指机械构件由于断裂而引起的机械设备产品不能完成原设计所指定的功能。

　　断裂失效按断裂机理不同有如下多种类型：解理断裂失效、韧窝破断失效、准解理断裂失效、疲劳断裂失效、蠕变断裂失效、应力腐蚀断裂失效、沿晶断裂失效、液态或固态金属脆性断裂失效、氢脆断裂失效、滑移分离失效等。

　　3. 磨损失效，磨损是摩擦作用下物体相对运动时，表面逐渐分离出磨屑而不断损伤的现象。磨损失效是指由于磨损现象的发生使机械零部件不能达到原设计功效，即不能达到原设计水平。

　　磨损失效的主要类型有：黏着磨损失效、磨粒磨损失效、腐蚀磨损失效、变形磨损失效、表面疲劳磨损失效、冲击磨损失效、微振磨损失效等。

　　4. 腐蚀失效，腐蚀是指金属或合金材料表面因发生化学或电化学反应而引起的损伤现象。金属腐蚀虽然在酸洗、化学电源、电解加工、金相浸蚀等方面起着有益于人类的作用，但是它在国民经济上所造成的损失是相当严重的。由于腐蚀作用使机械构件丧失原设计功能的现象称为腐蚀失效。

　　腐蚀失效的主要类型有：直接化学腐蚀失效、电化学腐蚀失效、点腐蚀失效、局部腐蚀失效、沿晶腐蚀失效、选择性腐蚀失效、缝隙腐蚀失效、生物腐蚀失效、磨损腐蚀失效、氢损伤失效、应力腐蚀失效等。

上述几类主要失效中尤以断裂失效的危害性最大。进行断裂失效分析时，断口观察和分析是重要的环节之一。

常用的失效分析方法有断口分析、磨片分析、贴印分析三种。

实验三十七　断口分析实验

一、实验目的

1. 了解失效分析中断口观察的目的、意义。
2. 了解失效分析思路，掌握断口的基本类型、特点及断口观察分析方法。
3. 利用光学显微镜对拉伸和冲击试样进行断口观察分析。

二、实验原理

1. 断口分析目的

断口分析是宏观分析中常用的一种方法，是反映产品质量极为重要的途径之一。断口分析可以发现钢本身的冶炼缺陷以及热加工、热处理等制造工艺中存在的问题。断口分析的试样可直接取自使用过程中破损的零件或生产制造过程中由于某种原因而导致破损的断口，也可取自拉伸、冲击实验后试样破断的断口，无须任何加工制备就可直接进行观察和检验。断口分析主要适用于脆性材料，如铸铁、淬火钢等。脆性材料的断口断裂前未经过塑性变形，断裂时有的沿晶界断裂（即晶间断裂），有的沿晶内断裂（即穿晶断裂），可清楚地呈现晶粒的状况，因此断口分析可达到以下目的：

（1）研究金属的强度与断裂特征间的关系，阐明零件受力断裂的原因。例如，从失效零件断口（疲劳断口、应力腐蚀断口、白点等）的特征初步分析零件失效的原因，如图 11-1 所示。

（2）研究晶界上的异相夹杂物。金属材料的脆性在很大程度上取决于晶界的情况，因为晶界上常拥有较多的非金属夹杂物，如硫化物、碳化物、氮化物等。

（3）研究铸件在结晶过程中各种因素（浇注温度、冷却速度、不熔杂质等）对其组织的影响。例如，根据断口晶粒大小和形状，观察铸件是否有明显的缺陷，如缩孔、气泡、大裂缝、翻皮等；根据铸件断口的颜色可判断铸铁的类型和质量，如灰口铸铁断面呈灰色，白口铸铁断面呈白色。

图 11-1　疲劳断口

图 11-2　萘状断口

鉴定工艺的正确性。例如，生产上常用断口检查渗碳件渗碳层深度来确定渗碳时间；高速钢在加热时出现过热晶粒粗化或重复淬火时未经退火引起粗晶，会出现萘状断口，如图 11-2 所示。

利用断口分析法研究断口的形貌，必须保护好断口。利用锤击法或压折法使材料断开后，应立即观察其断口，然后将试样放在干燥器中保护，以免其沾污、氧化、生锈。

2. 断口分析内容

断口分析，是用肉眼、体视显微镜、低倍放大镜、电子显微镜、电子探针、俄歇电子能谱、离子探针质谱等仪器设备，对断口表面进行观察及分析，结合无损检测、机械性能试验、化学分析、电子能谱分析、X 射线分析、模拟试验等，以便找出断裂的形貌特征、成分特点及相结构等与致断因素的内在联系。最后将分析和试验的结果与数据进行综合分析，判断出失效的原因并提出改进措施，写出失效分析报告。

断口分析包括宏观分析和微观分析两个方面。宏观分析主要判断分析断口形貌。微观分析，既包括微观形貌分析又包括断口产物分析（如产物的化学成分、相结构及其分布等）。

（1）原始资料的收集　原始资料是指构件服役前的全部经历、服役历史和断裂时的现场情况等。服役前的经历包括构件的批次、材料和加工工艺等；服役历史包括承受载荷的类型、使用情况及其他同批次的使用情况和员工操作规范等。对于大型或断裂件较多的构件，还要从散落的失效残骸中选择有分析价值的断口和供做其他检测用的试样材料。收集的断裂件在对其断口进行分析以前必须妥善地保护好断口并进行必要的处理。

（2）主裂纹和裂纹源的判别　在对断口进行分析前，首先要选择最先开裂的构件断口。有时一个构件在断裂过程中形成几个断片时（如高压容器或锅炉爆炸事故等），也要选择最先断裂的断口，即主裂纹所形成的断口。经常使用的主裂纹的判别方法有 T 形法、分枝法、变形法和氧化法四种方法，如图 11-3 所示。

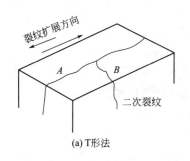
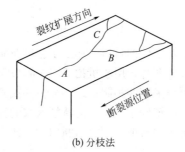

(a) T形法　　　　　　(b) 分枝法　　　　　　(c) 变形法

图 11-3　主裂纹判断方法

① T 形法：将散落的断片按相匹配的断口合并在一起，其裂纹形成 T 形。

② 分枝法：将散落的断片按相匹配断口合并，其裂纹形成树枝形。在断裂失效中，往往在出现一个裂纹后，产生很多的分叉或分枝裂纹。裂纹的分枝或分叉方向通常为裂纹的局部扩展方向，其相反方向指向裂源，即分枝裂纹为二次裂纹，汇合裂纹为主裂纹。

③ 变形法：将散落的断片按相匹配断口合并，构成原来机械构件的几何形状，测量其几何形状的变化情况，其变形量较大的部位为主裂纹，其他部位为二次裂纹。

④ 氧化法：在受环境因素影响较大的断裂失效中，检验断口各个部位的氧化程度，其中氧化程度最严重者为最先断裂者，即主裂纹所形成的断口，因为氧化严重者说明断裂的时间较长，而氧化轻者或未被氧化者为最后断裂所形成的断口。

主断面（主裂纹）确定后寻找裂纹源区，裂纹源区是断裂破坏的宏观开始部位。寻找裂纹源的方法有：

① 利用断口上的"三要素"特征；

② 利用断口上的"人"字纹特征；

③ 根据断口上的放射花样；

④ 根据断口上的"贝纹"线；

⑤ 将断开的零件的两部分相匹配，则裂缝的最宽处为裂纹源；

⑥ 根据断口上的色彩程度；

⑦ 断口表面的损伤情况；

⑧ 断口的边缘情况。

三、实验设备和材料

1. 主要设备

体视显微镜，金相显微镜，相机。

2. 主要材料

低碳钢、中碳钢和铸铁拉伸断口试样；低碳钢和铸铁冲击断口试样；酒精；药棉。

四、实验内容

1. 工艺规范

利用静载拉伸和冲击实验后的断口试样，对试样断口进行宏观观察分析，区分不同断口的各个特征区域，分析其形成的原因。

2. 实验组织

每组 2～3 人，每组铸铁、低碳钢（中碳钢）拉伸断口试样各一个，铸铁、低碳钢冲击断口试样各一个。

3. 实验步骤

（1）记录零件的尺寸，了解零件的材料、加工工艺以及服役条件；

（2）用相机拍下整个零件的图片，用相机拍下整个断口的照片；

（3）用体视显微镜观察断口形貌并拍照记录，分析并找到各个特征区域；

（4）对断口进行微观分析，辨别不同断口的特征区域的异同；

（5）根据分析结果写出失效报告或不同材料断口的对比分析。

五、思考与讨论

对断口进行微观分析，辨别不同断口的特征区域的异同，对不同材料断口的失效进行对比分析。

实验三十八　磨片分析实验

一、实验目的

1. 掌握磨片分析实验的基本原理。

2. 了解酸蚀实验（热酸蚀、冷酸蚀）的实验操作流程及方法。

二、实验原理

磨片分析主要是酸蚀实验。酸蚀实验利用酸液对钢铁材料各部分浸蚀程度的不同，能清晰地显示钢铁的低倍组织及其缺陷。这种方法设备简单、操作方便，能清楚地显示钢铁材料中存在的各种缺陷，例如裂纹、夹杂物、疏松、偏析以及气孔等。根据其分布以及缺陷存在的情况，可以判断钢材的冶金质量。通过推断缺陷的产生原因，可在工艺上采取切实可行的措施，以达到提高产品质量的目的。

酸蚀试样必须取自最易发生各种缺陷的部位。检验钢材表面缺陷（如淬火裂纹、磨削裂纹、淬火软点等）时，应选取钢材或零件的外表面进行酸蚀实验；检验钢材质量时，应在钢材的两端分别截取试样；在解剖钢锭及钢坯时，应选取一个纵向剖面和 2～3 个横截面试样（钢锭或钢坯的两端头，或上、中、下部位），此时钢中白点、偏析、皮下气泡、翻皮、疏松、残余缩孔、轴向晶间裂纹、折叠裂纹等缺陷可在横截面试样上清楚地显示出来，而钢中的锻造流线、应变线、条带状组织等可在纵向试样上显示出来。在进行失效分析或缺陷分析时，除在缺陷处取样外，还应在有代表性的部位选取一个试样，以便与缺陷处进行比较。

酸蚀试样的取样可采用剪、锯、切割等方法进行制备，取样时应避免变形、热影响以及裂缝等加工缺陷。加工后试样的表面粗糙度应不大于 1.6μm，试面不得有油污和加工伤痕。将酸蚀试样在粗砂纸上经磨平、清洗、浸蚀、清洗擦拭、吹干等操作后，试样表面就露出宏观组织，此时可观察其表面。

酸蚀实验分为热酸蚀实验和冷酸蚀实验，参照 GB/T 226—2015《钢的低倍组织及缺陷酸蚀检验法》。

1. 热酸蚀实验

热酸蚀试样的腐蚀属于电化学腐蚀范畴。试样的化学成分不均匀，物理状态差异较大并存在其他各种缺陷，造成试样中存在许多不同的电极电位，组成许多微电池。微电池中电位较高的部位为阴极，电位较低的部位为阳极。阳极部位发生腐蚀，阴极部位不发生腐蚀。当酸液加热到一定温度时，这种电极反应会加速进行，加快了试样的腐蚀。

2. 冷酸蚀实验

冷酸蚀直接用腐蚀剂在试样表面进行腐蚀，它对试样表面粗糙度的要求比热酸蚀高一些，一般要求达到 0.8μm，因此特别适合不能切割的大型锻件和外形不能破坏的大型机器零件。冷酸蚀有浸蚀和擦蚀两种方法，经过冷酸蚀得到清晰的低倍组织及宏观缺陷组织。

典型的铸件缺陷包括以下几个方面。

（1）铸锭或铸件铸造形态下的组织和缺陷，如缩孔、疏松、偏析、气孔、裂缝等，分别如图11-4～图 11-8 所示。

图 11-4　缩孔

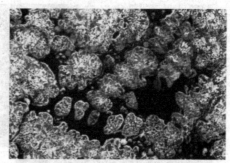
图 11-5　疏松

图 11-6 偏析

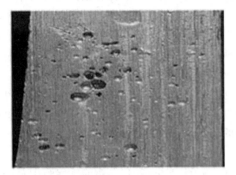

图 11-7 气孔

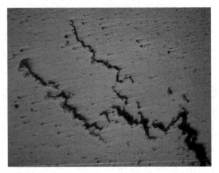

图 11-8 裂缝

图 11-9 锻造流线

（2）压力加工后的组织和缺陷，如锻造和轧制的流线（纤维组织）、分层、折叠及表面脱碳，如图 11-9 和图 11-10 所示。

压力加工又称塑性加工，是利用金属的塑性变形改变形状、尺寸和改善性能以获得型材、棒材、板材、线材或锻压件的加工方法。常见的压力加工方法有轧制、拉拔、挤压、自由锻、模锻、冲压。

（3）焊接后的组织及缺陷，如焊缝和基体金属的一次结晶组织、焊缝和基体金属熔合情况、热影响区宽度，如图 11-11 所示；焊接缺陷（包括裂缝、夹杂物、气孔、未焊透等）如图 11-12 所示。

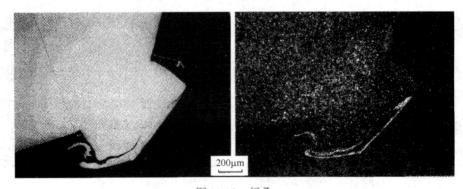

图 11-10 折叠

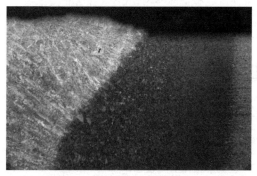
图 11-11　焊接接头

图 11-12　焊接裂缝

三、实验设备和材料

1. 主要设备

金相试样切割机、体视显微镜、除油槽、酸蚀槽、碱水槽、冲洗槽、加热炉、电吹风。

2. 主要材料

碳钢铸样、砂纸、盐酸。

四、实验内容

1. 制样

采用金相试样切割机截取试样，保证检验面组织不因切取操作而产生变化。加工试样时必须去掉热影响区和取样造成的变形区。取样时应留出适当的加工余量，以确保酸蚀试样面仍保持原来的组织状态。用砂纸对观察面进行打磨至规定粗糙度（观察面的加工表面粗糙度 R_a 值应不大于 $1.6\mu m$，冷蚀法不大于 $0.8\mu m$）。

2. 酸蚀

（1）热酸蚀　实验操作程序：除油→酸蚀（加热）→中和（碱水槽）→冲洗→烘干。

首先参照表 11-1 配制酸蚀剂，将配制好的酸液放入酸蚀槽内，并在加热炉上加热。将已加工好的试样用塑料导线绑扎好，并将试样的腐蚀面向上置于酸蚀槽内，到达预定温度后开始计算浸蚀时间。经过预定的酸蚀时间后将试样从酸液中取出，放入碱液槽里进行中和处理，然后放入流动的清水中冲洗，并用电热风机吹干试面上的水渍。

表 11-1　热酸腐蚀液成分、腐蚀时间及温度

编号	钢种	浸蚀时间/min	腐蚀液成分	温度/℃
1	易切削钢	5～10	盐酸水溶液 1∶1（容积比）	70～80
2	碳素结构钢、碳素工具钢、硅钢、弹簧钢、铁素体型、马氏体型、双相不锈钢、耐热钢	5～30		
3	合金结构钢、合金工具钢、轴承钢、高速工具钢	15～30		
4	奥氏体型不锈钢、奥氏体型耐热钢	20～40		
		5～25	盐酸 10 份，硝酸 1 份；水 10 份（容积比）	70～80
5	碳素结构钢、合金钢、高速工具钢	15～25	盐酸 38 份，硫酸 12 份，水 50 份（容积比）	60～80

（2）冷酸蚀　首先参照表 11-2 配制酸蚀剂。冷酸蚀有浸蚀和擦蚀两种方法，腐蚀的时间以准确、清晰地显示钢的低倍组织及宏观缺陷组织为准。

表 11-2　冷酸腐蚀液成分及其适用范围

编号	冷酸腐蚀液成分	适用范围
1	盐酸 500mL，硫酸 35mL，硫酸铜 150g	钢与合金
2	三氯化铁 200g，硝酸 300mL，水 100mL	
3	三氯化铁 500g，盐酸 300mL，加水至 1000mL	
4	10%～20%（容积比）过硫酸铵水溶液	碳素结构钢，合金钢
5	10%～40%（容积比）硝酸水溶液	
6	三氯化铁饱和水溶液加少量硝酸（每 500mL 溶液加 10mL 硝酸）	
7	100～350g 工业氯化铜铵，水 1000mL	
8	盐酸 50mL，硝酸 25mL，水 25mL	高合金钢
9	硫酸铜 100g，盐酸和水各 500mL	合金钢，奥氏体不锈钢
10	三氯化铁 50g，过硫酸铵 30g，硝酸 60mL，盐酸 200mL，水 50mL	精密合金，高温合金
11	盐酸 10mL，酒精 100mL，苦味酸 1g	不锈钢和高铬钢
12	盐酸 92mL + 硫酸 5mL + 硝酸 3mL	铁基合金
13	硫酸铜 1.5g + 盐酸 40mL + 无水乙醇 20mL	镍基合金

注：当选用第 1、9 号冷酸腐蚀液时，可用第 4 号冷酸腐蚀液作为冲刷液。

经过上述操作的试样即可用体视显微镜进行检验，必要时可进行照相。为了以后进行复查或做其他用途，可将试样放在干燥器中，或在试样表面涂上一层油脂，以防生锈。

五、思考与讨论

对于失效件进行酸蚀分析前如何取样，取样时应注意什么？

实验三十九　贴印分析实验

一、实验目的

1. 掌握膜片分析实验的基本原理。
2. 了解酸蚀实验（热酸蚀、冷酸蚀）的实验操作流程及方法。

二、实验原理

贴印分析是将试样磨平后，利用适当的化学试剂与试样表面某些组织发生化学反应，并用相纸记录下来的方法。常用的贴印法有硫印、氧印等。

1. 硫印

硫印实验可用来检验硫元素在钢中的分布情况，其原理是用稀硫酸与硫化物发生反应产生硫化氢气体，再使硫化氢气体与相纸上的溴化银作用，生成棕色的硫化银沉淀。相纸上显示棕色印痕之处，便是产生的硫化银沉淀。相纸上印痕颜色的深浅和印痕的多少，是由试样中硫化物的多少决定的。当相纸上呈现大斑点的棕色印痕时，则表示试样中的硫偏析较重、含量较多；反之则表示硫偏析较轻、含量较低。硫印实验是一种定性实验，仅以硫印实验结果来估计钢的硫含量是不恰当的。

钢的硫印检验按国家标准 GB/T 4236—2016《钢的硫印检验方法》进行评定。该标准适用于硫的质量分数低于 0.1% 的合金钢和非合金钢，对含硫量高于 0.1% 的钢也可以进行实验，但须先用非常稀的硫酸溶液进行混合。

硫印的原理：钢中的硫常以 MnS 成 FeS 的形式存在，硫化物与相纸的硫酸发生反应生成硫化氢：

$$FeS（MnS）+2H_2SO_4 \longrightarrow FeSO_4（MnSO_4）+2H_2S$$

硫化氢又与相纸上的溴化银发生反应生成硫化银：

$$H_2S+2AgBr \longrightarrow 2HBr+Ag_2S \downarrow$$

硫化银沉淀使相纸上出现黑褐色斑点。直接用重铬酸钾硫酸水溶液腐蚀样品的表面，可以看到锻件中硫的分布，如图 11-13 所示。

图 11-13　硫的区域偏析

2. 氧印

氧印用来检验钢中氧的分布，其操作与硫印相似。将相纸放入 5% 盐酸水溶液中片刻取出，试样压在相纸上 1～2min，然后揭下相纸置于 2% 赤血盐溶液中显影约 10min。氧化物会在相纸上呈现蓝色的斑点。

三、实验设备和材料

1. 主要设备

金相试样切割机、抛磨机、电吹风等。

2. 主要材料

碳钢铸样、无水乙醇、砂纸、硫酸（浓度参照表 11-3）、相纸、药棉、定影液等。

表 11-3　硫印试剂的种类和浓度

钢中硫含量（质量分数）/%	试剂浓度（体积分数）/%
0.005～0.015	5～10 硫酸水溶液
0.015～0.035	2 硫酸
0.10～0.40	0.2～0.5 硫酸，10～15 柠檬酸或醋酸

四、实验内容

硫印试样的选取和制备。硫印实验可在产品或产品切取的试样上进行，通常在棒材、钢坯和圆钢等产品上以垂直于轧制方向的截面切取试样。硫印试样一般用锯床或切片机来截取，当用热切割方法时，受检面必须远离热切割的影响面（通常刨去 30～50mm）。

将试样磨平、清洗并去油，选用反差较大的光面印相纸（曝过光的废相纸仍可使用），浸入 5%硫酸水溶液中约 5min，取出后垂直晾晒，使多余的硫酸流走，然后将相纸的药面对着试样表面压紧，注意两者不能相对移动，而且必须将两面之间的气泡赶走。5min 后将相纸揭下，先用水冲洗，然后放入定影液（F-5）中定影 10min，最后用流水冲洗、烘干。相纸上的黑褐色斑点即表示了试样上硫的分布。

五、实验注意事项

1. 实验过程中易产生硫化氢等有害气体，应采取适当的通风或防护措施。
2. 配制硫酸溶液时，需注意操作安全。
3. 腐蚀操作后的残余废酸按规定处理。

六、思考与讨论

简述硫印实验的具体步骤及实验过程中应注意的相关安全。

实验四十　材料失效样例分析

一、实验目的

1. 综合运用所学的理论知识和实验技能，通过对失效样件的组织和性能分析，正确判断其失效原因。
2. 锻炼查阅科技文献资料及科技写作的能力。

二、实验原理

实际生产中，由于原材料质量低劣、工艺不当、使用不当等原因造成工件失效的现象时有发生，有时甚至造成重大的人员伤亡和财产损失。对失效件进行分析，查明其各种内在和外在原因，是找出预防措施、避免失效损失的前提。广义地看，材料失效总是从其表面或内部的缺陷处开始，这些缺陷可能来自冶金、加工、热处理、焊接乃至使用等各种阶段。因此，必须借助各种宏观和微观的成分、组织和性能检测手段对失效件进行分析，找到失效起源部位，并查清其宏观和微观特征，明确其产生机理，才能正确地认识失效原因，并提出有效的预防和改进措施；同时，对失效发展路径的分析，有利于正确认识材料失效的全过程，为及早发现材料缺陷，采取补救措施，以防止重大损失提供依据。

三、实验设备和材料

1. 主要设备
扫描电子显微镜、金相显微镜、显微硬度计、万能试验机、电化学工作站、盐雾试验箱等。

2. 主要材料
失效样件。

四、实验内容

1. 失效分析方案设计
根据实验室提供的失效样件，制订失效分析方案，在以下实验内容中选择需要做的实验，上交指导老师审核后实施。

2. 选做实验
（1）损伤面观察

① 宏观观察。肉眼、放大镜或体视显微镜对损伤面全貌进行观察，初步判断失效性质和起源部位。

② 微观观察。主要利用视频显微镜或扫描电镜观察损伤面的微观特征，并结合微区成分分析判断失效的原因，其分析的重点是失效的起源位置。另外，通过复型技术还可以利用透射电镜分析损伤面的微观特征。

（2）金相分析　利用金相显微镜、扫描电镜和透射电镜等设备可以在不同层次对材料的金相组织进行观察和分析。

金相组织评级：在显微镜下对材料的有效硬化层深度、夹杂物级别、晶粒大小、带状组织评级、珠光体组织评级等。

（3）性能分析

① 力学性能。材料的硬度、强度、塑性和韧性等测试。其中利用显微硬度法可以分析小块试样上的力学性能均匀性。

② 化学性能。主要测试材料的抗氧化、耐腐蚀等性能。常用方法有塔菲尔曲线测定、盐雾实验、耐蚀性实验等。

③ 物理性能。材料的电学、热学和磁学等性能测试。主要针对功能材料的失效分析。

④ 镀层厚度测定。利用表面镀层厚度测定仪测定金属镀层厚度。

（4）成分分析

① 宏观成分分析方法有化学分析、X 射线荧光分析、光谱分析等。

② 微区成分分析方法有能谱、波谱等。

实验样品与分组。失效试样；每 3 名学生一组，每组 1 个试样。

学生应在教师的指导下，根据试样的具体要求和实验室的实际条件，选择适当的设备和实验方法，对试样的组织、性能和损伤部位进行观察与测试，收集必要的信息数据。然后运用所学过的理论知识，对其进行综合分析，必要时应主动查阅相关的文献资料，就试样的热处理工艺和失效原因得出明确结论。

五、实验注意事项

1. 实验操作要求规范，严格遵守实验安全管理规定。
2. 提交一篇格式规范的失效分析报告。

参考文献

[1]   文庆珍. 液体燃料与润滑剂[Z]. 武汉：海军工程大学，2000.

[2]   余红伟，魏徵，宋玉苏，等. 舰用油品应用及管理[Z]. 武汉：海军工程大学，2012.

[3]   熊云，徐世海，刘晓，等. 油品应用及管理[M]. 北京：中国石化出版社，2001.

[4]   熊云，徐世海，刘晓，等. 储运油品学[M]. 北京：中国石化出版社，2010.

[5]   周庆忠. 军队油料勤务[M]. 北京：国防工业出版社，2008.

[6]   李丙刚. 刘建虎. 海军油料勤务教程[Z]. 天津：海军工程大学天津校区，2005.

[7]   文庆珍，朱金华，李红霞. 舰用锅炉用水水质的影响与控制[M]. 北京:海潮出版社,2013.

[8]   邓字巍，王强，卫洪清. 高分子材料与技术[M]. 北京：化学工业出版社，2021.

[9]   孔小东，陈珊，苏小红. 船舶工程材料实验与学习指导[M]. 北京：科学出版社，2015.

[10] 王风平，朱在明，李杰兰. 材料保护实验[M]. 北京：化学工业出版社，2005.

[11] GB/T 231.1—2018. 金属材料 布氏硬度试验 第1部分:试验方法[S].

[12] GB/T 10297—2015. 非金属固体材料导热系数的测定 热线法[S].

[13] GB/T 11205—2009. 橡胶 热导率的测定 热线法[S].

[14] GB/T 226—2015. 钢的低倍组织及缺陷酸蚀检验法[S].

[15] GB/T 4236—2016. 钢的硫印检验方法[S].

[16] ASTM C1113/C1113M—2009. 用热丝(铂阻尼式温度计技术)测定耐火制品的导热性的试验方法[S].

[17] ASTM D5930—2017. 采用瞬变线源技术测定塑料导热性的标准试验方法[S].